Vue.js 3.X 从入门到项目实践

张晓智 著

U0286040

清华大学出版社
北京

内 容 简 介

本书针对零基础读者,用实例引导读者深入学习。书中深入浅出地讲解了 Vue.js 框架的各项实战技术。

本书共 18 章,主要讲解了 Vue.js 的基本概念、Vue 实例和模板语法、计算属性和侦听器、指令、页面元素样式的绑定、事件处理、双向数据绑定、组件、组合 API、项目脚手架 vue-cli 和 Vite、使用 webpack 打包、玩转前端路由(vue-router)、状态管理(vuex)等。最后讲解了 5 个行业热点项目实训,包括科技企业网站系统、在线教育网站系统、图书管理系统、家庭装修网站系统和企业办公自动化系统。

本书适合任何想学习 Vue.js 框架的人员,无论您是否从事计算机相关行业,也无论您是否接触过 Vue.js 框架,通过学习本书内容均可快速掌握 Vue.js 框架设计的方法和技巧。

图书在版编目(CIP)数据

Vue.js 3.X 从入门到项目实践 / 张晓智著. -- 北京:

清华大学出版社,2024. 7. -- ISBN 978-7-302-66547-2

Ⅰ. TP393.092.2

中国国家版本馆 CIP 数据核字第 202409PJ55 号

责任编辑:张彦青
装帧设计:李　坤
责任校对:李玉萍
责任印制:刘　菲
出版发行:清华大学出版社
　　　　网　　址:https://www.tup.com.cn, https://www.wqxuetang.com
　　　　地　　址:北京清华大学学研大厦 A 座　　　　邮　　编:100084
　　　　社 总 机:010-83470000　　　　邮　　购:010-62786544
　　　　投稿与读者服务:010-62776969, c-service@tup.tsinghua.edu.cn
　　　　质量反馈:010-62772015, zhiliang@tup.tsinghua.edu.cn
印 装 者:北京同文印刷有限责任公司
经　　销:全国新华书店
开　　本:185mm×260mm　　　　印　张:19　　　　字　数:459 千字
版　　次:2024 年 7 月第 1 版　　　　印　次:2024 年 7 月第 1 次印刷
定　　价:69.00 元

产品编号:100093-01

前　　言

为什么要写这样一本书

Vue.js 是当下很火的一个 JavaScript MVVM 库，它是以数据驱动和组件化的思想构建的。Vue.js 提供了更加简洁、更易于理解的 API，能够在很大程度上降低 Web 前端开发的难度，因此深受广大 Web 前端开发人员的喜爱。Vue.js 库的功能虽然强大，但是对于初学者来说，要入门比较困难，目前市场上缺少一本真正适合初学者入门的书籍。因此，以精通掌握 Vue.js 库作为编写本书的初衷，为零基础的读者提供指导。本书将项目开发中的技术融入案例中，通过对本书的学习，不仅可以掌握 Vue.js 库的使用方法，还可以积累项目开发的经验，从而满足企业实际开发的需求。

本书特色

■　零基础、入门级的讲解

无论您是否从事计算机相关行业，也无论您是否接触过 Vue.js 框架，都能从本书中找到最佳起点。

■　实用、专业的范例和项目

本书在编排上紧密结合深入学习 Vue.js 框架技术的过程，从 Vue.js 框架基本操作开始，逐步带领读者学习 Vue.js 框架的各种应用技巧，侧重实战技能，使用简单易懂的实际案例进行分析和操作指导，让读者学起来轻松，操作起来有章可循。

■　随时随地学习

本书提供了微课视频，通过手机扫码即可观看，随时随地解决学习中的困惑。

■　细致入微、贴心提示

本书在讲解过程中，在各章中使用了"注意""提示""技巧"等小栏目，使读者在学习过程中能更清楚地了解相关操作、理解相关概念，并轻松掌握各种操作技巧。

超值资源大放送

赠送大量资源，包括本书案例源代码、同步教学视频、精美教学幻灯片、教学大纲、30 套热门 Vue.js 项目源码、160 套 jQuery 精彩案例、职业成长资源库、软件开发资源库、名企网站前端开发招聘考试题库、毕业求职面试资源库等。

"职业成长"资源库1	"职业成长"资源库2	"职业成长"资源库3
30 套热门 Vue.js 项目	160 套 jQuery 精彩案例	本书案例源代码
教学大纲	精美教学幻灯片	"软件开发"资源库

读者对象

- 没有任何 Vue.js 框架开发基础的初学者。
- 有一定的 Vue.js 框架开发基础,想精通前端框架开发的人员。
- 有一定的网页前端设计基础,没有项目经验的人员。
- 大专院校及培训学校的老师和学生。

本书由淄博职业学院的张晓智老师编写,在编写过程中,我们虽竭尽所能将最好的讲解呈现给读者,但难免有疏漏和欠妥之处,敬请读者不吝指正。

作 者

目　　录

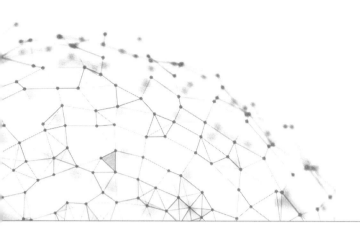

第 1 章

走进 Vue.js 的新世界

很多人都说 Web 前端开发是程序员中门槛最低的，5 天就可以从入门到精通，但您是否有 "道理我都懂，就是不知道怎么入手" 的困惑？您真的知道如何做好一个前端开发者吗？其实前端开发远不止切图、写 HTML、调样式，前端的世界很大，Node.js、webpack 和各种各样的前端框架都是 Web 前端世界的一部分。

本章主要介绍与 Vue.js(本文也会简称为 Vue)有关的一些概念与技术，并帮助读者了解它们背后相关的工作原理。通过对本章的学习，即使您从未接触过 Vue.js，也可以运用这些知识点快速构建出一个 Vue.js 应用。

1.1　Vue.js 3.x 概述

当下比较流行的前端框架有 3 个。它们是 Vue.js、React.js(以下简称 React)和 Angular.js(以下简称 Angular)。其中 Vue.js 以其容易上手的 API、不俗的性能、渐进式的特性和活跃的社区，在三大框架中脱颖而出。截至目前，Vue.js 在 GitHub 上的受欢迎程度已经超过了其他前端开发框架，成为最热门的框架。

1.1.1　MVVM 模式

学习 Vue.js 之前，先来学习一下 MVVM 模式。MVVM 是 Model-View-ViewModel 的简写，即模型-视图-视图模型。模型是指后端传递的数据，视图是指 HTML 页面，视图模型是 MVVM 模式的核心，它是连接 View 和 Model 的桥梁。它有两个方向：一是将模型转化成视图，即将后端传递的数据转化成所看到的页面，实现的方式是：数据绑定；二是将视图转化成模型，即将所看到的页面转化成后端的数据，实现的方式是：DOM 事件监听。如果这两个方向都实现了，则称为数据的双向绑定。

在 MVVM 框架中，视图和模型是不能直接通信的，它们通过 ViewModel 来通信，ViewModel 通常要扮演一个监听者，当数据发生变化时，ViewModel 能够监听到数据的变化，然后通知对应的视图进行自动更新，而当用户操作视图时，ViewModel 也能监听到视图的变化，然后通知数据做改动，这实际上就实现了数据的双向绑定。并且 MVVM 模式中的 View 和 ViewModel 可以互相通信。MVVM 模式流程如图 1-1 所示。

图 1-1　MVVM 模式流程

Vue.js 就是基于 MVVM 模式实现的一个框架。在 Vue.js 中，Model 是指 JavaScript 中的数据，如对象、数组等，View 是指页面视图，ViewModel 是指 Vue.js 实例化对象。

1.1.2　Vue.js 是什么

过去的十几年，因为有了 JavaScript，我们的网页才变得更加动态化和强大。我们把很多传统的服务端代码放到浏览器中，这样就产生了成千上万行的 JavaScript 代码，它们连接了各种各样的 HTML 和 CSS 文件，但缺乏正规的组织形式，这也是为什么越来越多的开发者使用 JavaScript 框架(如 Vue.js、Angular 和 React)的原因。

Vue.js 被定义成一个用来开发 Web 界面的前端框架，是一个轻量级的工具。使用 Vue.js 可以让 Web 开发变得简单，同时也颠覆了传统的前端开发模式。Vue.js 是一个友好的、多用途且高性能的 JavaScript 框架，它能够帮助您创建可维护性和可测试性更强的代码库。Vue.js 是一个渐进式的 JavaScript 框架，渐进式是什么意思呢？下面我们来讲解。

(1) 您可以一步一步、阶段性地使用 Vue.js，不必一开始就使用所有的东西。

(2) 如果您已经有一个现成的服务端应用，可以将 Vue.js 作为该应用的一部分嵌入其中，带来更加丰富的交互体验。

(3) 如果您希望将更多的业务逻辑放到前端来实现，那么 Vue.js 的核心库及其生态系统，也可以满足您的各种需求。和其他前端框架一样，Vue.js 允许您将一个网页分割成可复用的组件，每个组件都包含属于自己的 HTML、CSS、JavaScript，从而用来渲染网页中相应的部分页面。

(4) 如果构建一个大型的应用，可能需要将应用分割成各自的组件和文件。Vue.js 有一个命令行工具，可以使快速初始化一个真实的工程变得非常简单。

Vue.js 的使用可大可小，它都会有相应的方式来整合到您的项目中。所以它是一个渐进式的框架。

Vue.js 本身具有响应式编程和组件化的特点。下面将分别进行介绍。

(1) 响应式：即为保持状态和视图的同步，也称为数据绑定，声明实例后自动对数据进行了视图上的绑定，修改数据，视图中的对应数据也会随之更改。

(2) 组件化：Vue.js 组件化的理念是"一切都是组件"。可以将任意封装好的代码注册成标签。如果组件设计得合理，在很大程度上能减少重复开发的工作，而且配合 Vue.js 的插件 vue-loader，可以将一个组件的 CSS、HTML 和 JavaScript 都写在一个文件里，做到模块化的开发。除此之外，Vue.js 也可以与 vue-router 和 vue-resource 插件配合起来，以支持路由和异步请求，这样就满足了开发单页面应用的基本条件。

1.1.3 Vue.js 有什么不同

在前端开发中，会遇到动画、交互效果、页面特效等业务，原生的 JavaScript 或 jQuery 库通过操作 DOM 来实现，数据和界面是连接在一起的，例如下面的示例。

在示例中添加一段文本和一个按钮，并为按钮添加一个单击事件，当单击按钮时把文本中的"王老师"更改为"李老师"，"30"更改为"40"。

```
<div>
    <p>大家好，我是<span id="name">王老师，</span></p>
    <p>今年<span id="age">30</span>岁。</p>
    <button id = "updata">修改</button>
</div>
<script>
    $("#updata").click(function(){
        $("#name").text("李老师，");
        $("#age").text("40");
    });
</script>
```

程序运行效果如图 1-2 所示，单击"修改"按钮，页面中的内容更改，结果如图 1-3 所示。

图 1-2　初始化效果　　　　　图 1-3　单击"修改"按钮后的效果

Vue.js 将数据层和视图层完全分离开，不仅对 API 进行封装，还提供了一系列的解决方案。这是一个思想的转变，数据驱动的机制，主要操作的是数据而不是频繁地操作 DOM(导致页面频繁重绘)。使用 Vue.js 实现上述示例，代码如下：

```
<div id="app">
    <p>大家好，我是<span>{{name}}</span></p>
    <p>今年<span>{{age}}</span>岁。</p>
    <button v-on:click="updata">修改</button>
</div>
<!--引入 vue 文件-->
<script src="https://unpkg.com/vue@3/dist/vue.global.js"></script>
<script>
//创建一个应用程序实例
const vm= Vue.createApp({
    //该函数返回数据对象
    data(){
        return{
```

```
        name:"王老师",
        age:"30",
    }
},
    methods:{
        updata:function(){
            this.name = "李老师";
            this.age = "40";
        }
    }
    //在指定的 DOM 元素上装载应用程序实例的根组件
    }).mount('#app');
</script>
```

提示

　　对于上面的 Vue 代码，暂时不用理解，这里只是快速展示 Vue.js 的写法，后面章节将会详细进行介绍。

　　以上示例总结如下。

　　(1) Vue.js 首先把值和 JavaScript 对象进行绑定，然后修改 JavaScript 对象的值，Vue.js 框架就会自动更新 DOM 的值。

　　(2) 可以简单地理解为 Vue.js 帮我们做了 DOM 操作，以后使用 Vue.js 只需要修改对象的值以及做好元素和对象的绑定，Vue.js 框架就会自动帮我们做好 DOM 的相关操作。

　　(3) 如果 DOM 元素跟随 JavaScript 对象值的变化而变化，叫作单向数据绑定；如果 JavaScript 对象的值也跟随着 DOM 元素的值的变化而变化，就叫作双向数据绑定。

1.2　为什么要使用 Vue.js

　　Vue.js 是当下流行的前端框架之一，在正式开始学习它之前，我们先将传统前端开发模式和 Vue.js 的开发模式作一个对比，以此了解 Vue.js 产生的背景和核心思想。

1.2.1　传统的前端开发模式

　　传统的前端开发模式可称为硬代码开发，数据、展现和逻辑都混在一起，彼此相互混杂，整体看起来非常混乱。它有以下缺点。

　　(1) 由于数据、展现和逻辑都混合在一起，从而代码的可读性就会很差，很难完成知识的转移和交付。

　　(2) 界面修改工作比较复杂，无法快速调试，出现问题时，无法快速定位问题所在。

　　(3) 维护复杂，容易在修复中出现新 Bug。

　　(4) 数据处理功能单一，若出现排序、筛选等工作，需要重新编写代码。

　　前端开发技术在近几年发展迅速，如今的前端开发已不再是 10 年前写个 HTML 和 CSS 那么简单了，新的概念层出不穷，如 ECMAScript 6、Node.js、NPM、前端工程化等。这些新技术在不断优化我们的开发模式，改变我们的编程思想。

随着项目的扩大和时间的推移，出现了更复杂的业务场景，如组件解耦、SPA(单页面应用)等。为了提升开发效率，降低维护成本，传统的前端开发模式已不能完全满足我们的需求，这时就出现了像 Angular、React 以及我们要介绍的 Vue.js 等框架。

1.2.2　Vue.js 的开发模式

Vue.js 是基于 MVVM 模式实现的一个框架，MVVM 模式分离视图(View)和模型(Model)，通过自动化脚本实现自动化关联，ViewModel 搭起了视图与模型的桥梁，同时在 ViewModel 中进行交互及逻辑处理。简单地理解，View 就是 HTML 和 DOM，模型 Model 就是要处理的 JSON 数据。这种模式有以下优势。

(1) 低耦合：将 View 和 Model 进行分离，两者中一方变更时，另一方不会受到影响。

(2) 重用性：无论是 View、ViewModel 还是 Model，三者都可以进行重用，提高了开发效率。

(3) HTML 模板化：修改模板不影响逻辑和数据，模板可直接调试。

(4) 数据自动处理：Model 实现了标准的数据处理封装，如排序、筛选等。

(5) 数据的双向绑定：通过 DOM 和 Model 双向绑定使数据更新自动化，缩短了开发时间。

1.3　Vue.js 的安装

在使用 Vue.js 之前，先来学习一下如何安装 Vue.js。

1.3.1　直接使用<script>标签引入

直接使用<script>标签引入的方式比较简单。选择一个提供稳定 Vue.js 链接的 CDN 服务商，CDN(Content Delivery Network)即内容分发网络。选择好 CDN 后，在页面中引入 Vue.js 的代码如下：

```
<script src="https://unpkg.com/vue@3/dist/vue.global.js"></script>
```

1.3.2　NPM

NPM 是一个 Node.js 包管理和分发工具，也是整个 Node.js 社区最流行、支持第三方模块最多的包管理器。在安装 Node.js 环境时，安装包中包含 NPM，如果安装了 Node.js，则不需要再安装 NPM。

用 Vue 构建大型应用时推荐使用 NPM 安装。NPM 能很好地和诸如 webpack 或 Browserify 模块打包器配合使用。

使用 NPM 安装 Vue.js 3.x：

```
# 最新稳定版
```

```
npm install vue@next
```

国内访问国外的服务器非常慢，而 NPM 的官方镜像就是国外的服务器，因此为了节省安装时间，推荐使用淘宝 NPM 镜像 CNPM，在命令提示符窗口中输入下面的命令并执行：

```
npm install -g cnpm --registry=https://registry.npm.taobao.org
```

以后可以直接使用 cnpm 命令安装模块。代码如下：

```
cnpm install 模块名称
```

1.3.3 命令行工具(CLI)

Vue.js 提供了一个官方的脚手架(CLI)，为单页面应用(SPA)快速搭建繁杂的脚手架。它为现代前端工作流提供了 batteries-included 的构建设置。只需要几分钟就可以运行起来并带有热重载、保存时 lint 校验，以及生产环境可用的构建版本。

CLI 工具假定用户对 Node.js 和相关构建工具有一定程度的了解。如果是新手，建议先熟悉 Vue 本身之后再使用 CLI 工具。本书后面的章节将具体介绍脚手架的安装以及如何快速创建一个项目。

1.3.4 使用 Vite 方式

Vite 是一个基于浏览器原生 ES 模块导入的开发服务器。在开发环境下，利用浏览器去解析 import，在服务器端按需编译返回，完全跳过了打包这个概念，服务器随启随用。本书后面的章节，将具体介绍 Vite 的使用方法。

1.4 第一个 Vue.js 程序

引入 Vue.js 框架后，下面通过一个完整的示例来看一下 Vue.js 的实现过程。

【例 1.1】(实例文件：ch01\1.1.html)第一个 Vue.js 程序。

```html
<!DOCTYPE html>
<html>
<head>
    <meta charset="UTF-8">
</head>
<body>
<div id="app">
    <h2>{{ explain }}</h2>
</div>
<!--引入 vue 文件-->
<script src="https://unpkg.com/vue@3/dist/vue.global.js"></script>
<script>
    //创建一个应用程序实例
    const vm= Vue.createApp({
        //该函数返回数据对象
        data(){
            return{
                explain:'春花秋月何时了',
```

```
        }
    }
    //在指定的 DOM 元素上装载应用程序实例的根组件
}).mount('#app');
</script>
</body>
</html>
```

程序运行效果如图 1-4 所示。

图 1-4　第一个 Vue.js 程序运行效果

在创建的 Vue.js 实例中，mount()函数用于将 Vue.js 实例挂载到指定的 DOM 元素上，使其能够渲染并显示在页面中。data()函数将返回应用内需要双向绑定的数据。建议所有会用到的数据都预先在 data()函数中声明，这样就不会将数据散落在业务逻辑中，方便维护。

以上成功创建了第一个 Vue.js 应用，看起来跟渲染一个字符串模板非常类似，但是 Vue.js 在背后做了大量工作。现在数据和 DOM 已经建立了关联，页面已经是响应式的。

我们要怎么确认呢？可以通过浏览器的 JavaScript 控制台来验证。按 F12 快捷键，打开控制台，例如，修改 vm.explain = "小楼昨夜又东风"，按 Enter 键后执行，将看到上例相应的内容会更新，如图 1-5 所示。

图 1-5　执行后效果

注意

vm.explain＝"小楼昨夜又东风"中的 vm 是我们创建的实例名称。

在后面的章节，示例不再提供完整的代码，而是根据上下文，将 HTML 部分与 JavaScript 部分单独展示，省略了<head>、<body>等标签，读者可根据例 1.1 结构来组织代码。

1.5 疑 难 解 惑

疑问 1：Vue 很适合创建单页面应用，那什么是单页面应用？它有哪些优缺点？

单页面应用(SPA)是指只有一个主页面的应用，浏览器一开始要加载所有必需的 HTML、JS、CSS。所有的页面内容都包含在这个主页面中。但在编写的时候，还是会分开(页面片段)，然后在交互的时候由路由程序动态载入，单页面的页面跳转，仅刷新局部资源。

单页面应用的优点如下。

(1) 用户体验良好。不需要重新刷新页面，减少了 TTFB 的请求耗时，数据也是通过 Ajax 异步获取，页面显示很流畅。

(2) 前后端分离。前端负责界面显示，后端负责数据存储和计算，各司其职，不会把前后端的逻辑混杂在一起。

(3) 减轻服务端压力，服务器只需要提供 API 接口，不用管理页面逻辑和页面的拼接，吞吐能力会提高几倍。

(4) 共用一套后端程序代码，适配多端同一套后端程序代码，不用修改就可以适用于 Web、手机和平板。

单页面应用的缺点如下。

(1) 不利于 SEO 的优化。因为页面数据都是前端异步加载的方式，不利于搜索引擎的抓取。

(2) 首屏加载过慢。单页面首次加载，需要将所有页面依赖的 CSS 和 JS 合并后统一加载，所以 CSS 和 JS 文件会较大，将影响页面首次打开的时间。

疑问 2：Vue.js 3.x 和 Vue.js 2.x 版本相比有什么不同？

Vue.js 3.x 并没有沿用 Vue.js 2.x 版本的代码，而是从头重写了整个框架，代码采用 TypeScript 进行编写，新版本的 API 全部采用普通函数，在编写代码时可以享受完整的性能推断。

与 Vue.js 2.x 版本相比，Vue.js 3.x 具有以下新变化。

(1) 重构响应式系统。

Vue.js 2.x 利用 Object.defineProperty()方法侦查对象的属性变化。Vue.js 3.x 重构了响应式系统，使用 Proxy 替换 Object.defineProperty。

(2) 更好的性能。

Vue.js 3.x 重写了虚拟 DOM 的实现，并优化了编译模板，提升了组件的初始化速度，更新的性能提升了 1.3~2 倍，服务器端渲染速度也提升了 2~3 倍。

(3) tree-shaking 支持。

Vue.js 3.x 只打包真正需要的模块，而删除掉无用的模块，从而减小了产品发布版本的大小。而在 Vue.js 2.x 中，很多用不到的模块也会被打包进来。

(4) 组合 API。

Vue.js 3.x 中引入了基于函数的组合 API。组合 API 的优势如下。

① 由于 API 是基于函数的，因此可以有效地组织和编写可重用的代码。

②　将共享逻辑分离为功能来提高代码的可读性。

③　可以实现代码分离。

④　在 Vue.js 应用程序中可以更好地使用 TypeScript。

(5)　Teleport(传送)。

Teleport 是一种能够将模板移动到 DOM 中 Vue.js 应用程序之外的其他位置的技术。像 modals 和 toast 等这样的元素，如果嵌套在 Vue.js 的某个组件内部，那么处理嵌套组件的定位、z-index 样式就会变得很困难。很多情况下，需要将它与 Vue.js 应用的 DOM 完全剥离，管理起来会容易很多，此时就需要用到 Teleport。

(6)　fragment(碎片化节点)。

在 Vue 2.x 中，每个组件必须有一个唯一的根节点，所以，写每个组件模板时都要套一个父元素。在 Vue 3.x 中，为了更方便地书写组件模板，新增了标签元素<Fragment></Fragment>，从而不再限于模板中的单个根节点，组件可以拥有多个节点。这样做的好处在于：减少了标签层级，降低内存占用。

(7)　更好的 TypeScript 支持。

Vue.js 3.x 是用 TypeScript 编写的库，可以享受自动的类型定义提示。JavaScript 和 TypeScript 中的 API 相同，从而无须担心兼容性问题。结合使用支持 Vue.js 3.x 的 TypeScript 插件，开发变得更加高效，还可以拥有类型检查、自动补全等功能。

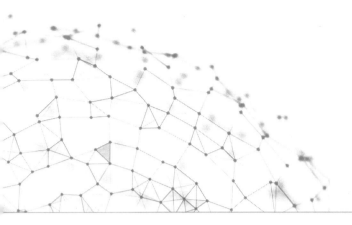

第2章

Vue.js 实例和模板语法

在第 1 章中介绍了 Vue.js 的基础知识，本章将介绍如何创建 Vue.js 实例和模板语法，这是新手入门必须要掌握的知识点。

2.1　Vue.js 实例

无论是用官方的脚手架，还是自己搭建的项目模板，最终都会创建一个 Vue.js 的实例对象并挂载到指定 DOM 上。下面来介绍一下关于 Vue.js 实例的相关内容。

2.1.1　创建一个 Vue.js 实例

每个 Vue.js 应用都是通过 Vue.createApp()函数创建一个新的 Vue.js 实例开始的：

```
const vm= Vue.createApp({
    //选项
}).mount('#app');
```

其中 mount('#app')是在指定的 DOM 元素上装载应用程序实例的根组件。当创建一个 Vue.js 实例时，可以传入一个选项对象，这些选项用来创建想要的行为(methods、computed、watch 等)。

一个 Vue.js 应用由一个通过 Vue.createApp 创建的根 Vue.js 实例，以及可选的、嵌套的、可复用的组件树组成。例如，一个 todo 应用的组件树如图 2-1 所示。

```
根实例
└ TodoList
  ├ TodoItem
  │ ├ DeleteTodoButton
  │ └ EditTodoButton
  └ TodoListFooter
    ├ ClearTodosButton
    └ TodoListStatistics
```

图 2-1　组件树

在后面的组件系统章节里将会具体展开介绍。现在只需要明白所有的 Vue.js 组件都是 Vue.js 实例，并且接受相同的选项对象(一些根实例特有的选项除外)。

2.1.2　数据与方法

当一个 Vue.js 实例被创建时，它将 data 对象中的所有属性加入 Vue.js 的响应式系统中。当这些属性的值发生改变时，视图将会产生"响应"，即匹配更新为新的值。

要在 Vue.js 中定义方法，需要在 createApp()函数的参数对象中，再添加一个 methods 方法配置项，它的值也是一个对象，在其中可以定义应用程序要用到的方法。

【**例 2.1**】(实例文件：ch02\2.1.html)实例中的数据与方法。

```html
<div style="text-align: center;" id="app">
    <h1>{{ count }}</h1>
    <button v-on:click="clickButton">增加</button>
</div>
<!--引入 vue 文件-->
<script src="https://unpkg.com/vue@3/dist/vue.global.js"></script>
<script>
    //创建一个应用程序实例
    const vm= Vue.createApp({
        //该函数返回数据对象
        data() {
            return {
                // count 数据
                count:0
            }
        },
        // 定义组件中的函数
        methods: {
            // 实现单击按钮的方法
            clickButton() {
                this.count = this.count + 1
            }
        }
    //在指定的 DOM 元素上装载应用程序实例的根组件
    }).mount('#app');
</script>
```

程序运行结果如图 2-2 所示。

图 2-2　实例中的数据与方法

2.1.3　实例生命周期钩子函数

每个 Vue.js 实例在被创建时，都要经过一系列的初始化过程。例如，需要设置数据监听、编译模板、将实例挂载到 DOM，并在数据变化时更新 DOM 等。同时在这个过程中也会运行一些叫作生命周期钩子的函数，这给了开发者在不同阶段添加自己代码的机会。

常用生命周期钩子函数如表 2-1 所示。

表 2-1　常用生命周期钩子函数

钩子函数	说　明
setup()	在开始创建组件之前执行的函数
onBeforeMount()	组件挂载到节点上之前执行的函数
onMounted()	组件挂载完成后执行的函数
onBeforeUpdate()	组件更新之前执行的函数
onUpdated()	组件更新完成之后执行的函数
onBeforeUnmount()	组件卸载之前执行的函数
onUnmounted()	组件卸载之后执行的函数
onActivated()	被包含在<keep-alive>中的组件，会多出两个生命周期钩子函数，被激活时执行
OnDeactivated()	从组件 A 切换到组件 B，当组件 A 消失时执行的函数
onErrorCaptured()	用于捕获组件的异常

【例 2.2】(实例文件：ch02\2.2.html)实例生命周期钩子函数。

```html
<div id="Application">
    <sub-com v-if="show">
        {{content}}
    </sub-com>
</div>
<!--引入 vue 文件-->
<script src="https://unpkg.com/vue@3/dist/vue.global.js"></script>
<script>
const sub = {
        setup() {
            console.log("组件即将创建前执行的钩子函数")
        },
        template:'
        <div>
            <slot></slot>
        </div>
        '
    }
    const App = Vue.createApp({
        data(){
            return {
                show:true,
                content:"落叶聚还散，寒鸦栖复惊。"
            }
        },
    })
    App.component("sub-com", sub)
    App.mount("#Application")
</script>
```

运行上述程序，按 F12 快捷键打开控制台，结果如图 2-3 所示。

图 2-3 实例生命周期钩子函数

2.1.4 实例化多个对象

实例化多个 Vue.js 对象，和实例化单个 Vue.js 对象的方法一样，只是绑定操控的元素 id 不同。例如，创建两个 Vue.js 对象，分别命名为 one 和 two。

【例 2.3】(实例文件：ch02\2.3.html)实例化两个 Vue.js 对象。

```html
<h3>初始化多个实例对象</h3>
<div id="app-one">
    <h4>{{title}}</h4>
</div>
<div id="app-two">
    <h4>{{title}}</h4>
</div>
<!--引入 vue 文件-->
<script src="https://unpkg.com/vue@3/dist/vue.global.js"></script>
<script>
    //实例化对象 1
    const one= Vue.createApp({
        //该函数返回数据对象
        data() {
            return {
                title:'app-one 的内容'
            }
        }
    //在指定的 DOM 元素上装载应用程序实例的根组件
    }).mount('#app-one');
    //实例化对象 2
    const two= Vue.createApp({
        //该函数返回数据对象
        data() {
            return {
                title:'app-two 的内容'
            }
        },
    //在指定的 DOM 元素上装载应用程序实例的根组件
    }).mount('#app-two');
</script>
```

运行上述程序，可看到两个 Vue.js 对象 data 属性的内容，效果如图 2-4 所示。

图 2-4 两个 Vue.js 对象 data 属性的内容

除了可以展示 data 属性的内容，也可以展示 computed 计算属性的内容。

【例 2.4】(实例文件：ch02\2.4.html)展示 computed 计算属性的内容。

```html
<h3>初始化多个实例对象</h3>
<div id="app-one">
    <h4>{{title}}</h4>
    <p>{{say}}</p>
</div>
<div id="app-two">
    <h4>{{title}}</h4>
    <p>{{say}}</p>
</div>
<!--引入 vue 文件-->
<script src="https://unpkg.com/vue@3/dist/vue.global.js"></script>
<script>
    //实例化对象 1
    const one= Vue.createApp({
        //该函数返回数据对象
        data() {
            return {
                title:'app-one 的内容'
            }
        },
        computed:{
            say:function(){
                return '晚日寒鸦一片愁。';
            }
        }
    //在指定的 DOM 元素上装载应用程序实例的根组件
    }).mount('#app-one');
    //实例化对象 2
    const two= Vue.createApp({
        //该函数返回数据对象
        data() {
            return {
                title:'app-two 的内容'
            }
        },
        computed:{
            say:function(){
                return '柳塘新绿却温柔。';
            }
        }
    //在指定的 DOM 元素上装载应用程序实例的根组件
    }).mount('#app-two');
</script>
```

运行上述程序，可看到两个 Vue.js 对象 computed 计算属性的内容，效果如图 2-5 所示。

图 2-5　两个 Vue.js 对象 computed 计算属性的内容

要想在第二个实例化对象中改变第一个实例化对象中的 data 属性，如何实现？我们可以在第二个实例化对象中定义一个方法，通过事件来触发，在该事件中调用第一个对象，更改其中的 title 属性。

例如，在上面示例的第二个对象中，定义一个方法 changeTitle，在方法中调用第一个对象，并修改其中的 title 属性。

【例 2.5】(实例文件：ch02\2.5.html)改变其他实例中的属性内容。

```html
<div id="app-one">
    <h4>{{title}}</h4>
    <p>{{say}}</p>
</div>
<div id="app-two">
    <h4>{{title}}</h4>
    <p>{{say}}</p>
    <button v-on:click="changeTitle">改变第一个对象的 title 属性</button>
</div>
<!--引入 vue 文件-->
<script src="https://unpkg.com/vue@3/dist/vue.global.js"></script>
<script>
    //实例化对象 1
    const one= Vue.createApp({
        //该函数返回数据对象
        data() {
            return {
                title:'app-one 的内容'
            }
        },
        computed:{
            say:function(){
                return '晚日寒鸦一片愁。';
            }
        }
    //在指定的 DOM 元素上装载应用程序实例的根组件
    }).mount('#app-one');
    //实例化对象 2
    const two= Vue.createApp({
        //该函数返回数据对象
        data() {
            return {
                title:'app-two 的内容'
            }
        },
        methods:{
            changeTitle:function(){
                one.title='已经改名了！';
            }
        },
        computed:{
            say:function(){
                return '柳塘新绿却温柔。';
            }
        }
    //在指定的 DOM 元素上装载应用程序实例的根组件
    }).mount('#app-two');
</script>
```

程序运行效果如图 2-6 所示；当单击"改变第一个对象的 title 属性"按钮后，实例对象 one 中的 title 内容将发生改变，如图 2-7 所示。

图 2-6　页面初始化效果　　　　　　　图 2-7　实例对象 one 改变后的效果

还可以在实例化对象外面调用，去更改其属性。例如，改变实例对象 two 的 title 属性：

```
two.title='实例化对象 2 的内容已经改变了';
```

2.2　模 板 语 法

Vue.js 使用基于 HTML 的模板语法，允许开发者声明式地将 DOM 绑定至底层 Vue.js 实例的数据。所有 Vue.js 的模板都是合法的 HTML，所以能被遵循规范的浏览器和 HTML 解析器解析。

在底层的实现上，Vue.js 将模板编译成虚拟 DOM 渲染函数。结合响应系统，Vue.js 能够智能地计算出最少需要重新渲染多少组件，并把 DOM 操作次数降到最低。

2.2.1　插值

插值的语法有以下 3 种。

1. 文本

数据绑定最常见的形式就是使用 Mustache 语法(双大括号)的文本插值：

```
<span>Message: {{ message}}</span>
```

Mustache 标签将会被替代为对应数据对象上 message 属性的值。无论何时，绑定的数据对象上 message 属性发生了改变，插值处的内容都会更新。

通过使用 v-once 指令，也能执行一次性的插值，当数据改变时，插值处的内容不会更新。但要注意这会影响到该节点上的其他数据绑定：

```
<span v-once>这个将不会改变: {{ message }}</span>
```

在下面的示例中，在标题中插值，插值为"Vue.js"，可以根据需要进行修改。

【例 2.6】(实例文件：ch02\2.6.html)渲染文本。

```
<div id="app">
    <h3>本书教大家如何学习{{message}}</h3>
```

```
</div>
<!--引入 vue 文件-->
<script src="https://unpkg.com/vue@3/dist/vue.global.js"></script>
<script>
    //创建一个应用程序实例
    const vm= Vue.createApp({
        //该函数返回数据对象
        data() {
            return {
                message:'Vue.js'
            }
        }
    //在指定的 DOM 元素上装载应用程序实例的根组件
    }).mount('#app');
</script>
```

运行上述程序，按 F12 快捷键打开控制台，结果如图 2-8 所示。

图 2-8　文本渲染效果

2. 原始 HTML

双大括号会将数据解释为普通文本，而非 HTML 代码。为了输出真正的 HTML，我们需要使用 v-html 指令。

 提示

不能使用 v-html 来复合局部模板，因为 Vue 不是基于字符串的模板引擎。反之，对于用户界面(UI)，组件更适合作为可重用和可组合的基本单位。

例如，想要输出一个 a 标签，首先，需要在 data 属性中定义该标签，其次，根据需要定义 href 属性值和标签内容。最后使用 v-html 绑定到对应的元素上。

【例 2.7】(实例文件：ch02\2.7.html)输出真正的 HTML。

```
<div id="app">
    <p>{{website}}</p>
    <p v-html="website"></p>
</div>
<!--引入 vue 文件-->
<script src="https://unpkg.com/vue@3/dist/vue.global.js"></script>
<script>
    //创建一个应用程序实例
    const vm= Vue.createApp({
        //该函数返回数据对象
        data() {
            return {
                website:'<a class="red" href="https://cn.vuejs.org/">Vue.js 官网</a>'
            }
        }
```

```
    //在指定的 DOM 元素上装载应用程序实例的根组件
    })).mount('#app');
</script>
```

运行上述程序，按 F12 快捷键打开控制台，可以发现使用 v-html 指令的 p 标签输出了真正的 a 标签，当单击"Vue.js 官网"链接后，页面将跳转到对应的页面，效果如图 2-9 所示。

<a class="red" href="https://cn.vuejs.org/">Vue.js官网</a>

Vue.js官网

图 2-9　输出真正的 HTML

注意

站点上动态渲染的 HTML 可能会非常危险，因为它很容易导致 XSS 攻击。应只对可信内容使用 HTML 插值，绝不能对用户提供的内容使用插值。

3. 使用 JavaScript 表达式

在模板中，一直都只绑定简单的属性键值。但实际上，对于所有的数据绑定，Vue.js 都提供了完全的 JavaScript 表达式支持。

```
{{ number + 1 }}
{{ ok ? 'YES' : 'NO' }}
{{ message.split('').reverse().join('')}}
<div v-bind:id="'list-' + id"></div>
```

上面这些表达式会在所属 Vue 实例的数据作用域下作为 JavaScript 被解析。限制就是，每个绑定都只能包含单个表达式，所以下面的例子都不会生效。

```
<!-- 这是语句，不是表达式 -->
{{ var a = 1}}
<!-- 流控制也不会生效，请使用三元表达式 -->
{{ if (ok) { return message } }}
```

【例 2.8】(实例文件：ch02\2.8.html)使用 JavaScript 表达式。

```
<div id="app">
    <p>3 条鱼总共{{fish*number+data}}元</p>
</div>
<!--引入 vue 文件-->
<script src="https://unpkg.com/vue@3/dist/vue.global.js"></script>
<script>
    //创建一个应用程序实例
    const vm= Vue.createApp({
        //该函数返回数据对象
        data() {
            return {
                fish:3,
                number:100,
                data:10
            }
        }
```

```
    //在指定的 DOM 元素上装载应用程序实例的根组件
    }).mount('#app');
</script>
```

运行上述程序，结果如图 2-10 所示。

图 2-10　使用 JavaScript 表达式

2.2.2　指令

指令(Directives)是带有"v-"前缀的特殊特性。指令特性的值预期是单个 JavaScript 表达式(v-for 是例外情况)。指令的职责是，当表达式的值改变时，将其产生的连带影响，响应式地作用于 DOM。

```
<p v-if="boole">现在你看到我了</p>
```

上面代码中，v-if 指令将根据表达式布尔值(boole)的真假来插入或移除<p>元素。

1. 参数

一些指令能够接受一个参数，在指令名称之后以冒号表示。例如，v-bind 指令可以用于响应式地更新 HTML 特性：

```
<a v-bind:href="url">...</a>
```

在这里 href 是参数，告知 v-bind 指令将该元素的 href 特性与表达式 url 的值绑定。

v-on 指令用于监听 DOM 事件，例如下面代码：

```
<a v-on:click="doSomething">...</a>
```

其中参数 click 是监听的事件名，在后面的章节中将会详细地介绍 v-on 指令的具体用法。

2. 修饰符

修饰符(modifier)是以半角句号"."指明的特殊后缀，用于指出一个指令应该以特殊方式绑定。例如，.prevent 修饰符告诉 v-on 指令对于触发的事件调用 event.preventDefault()：

```
<form v-on:submit.prevent="onSubmit">...</form>
```

2.2.3　缩写

"v-"前缀作为一种视觉提示，用来识别模板中 Vue 特定的特性。在使用 Vue.js 为现有标签添加动态行时，"v-"前缀很有帮助。然而，对于一些频繁用到的指令来说，就会感到很烦琐。同时，在构建由 Vue 管理所有模板的单页面应用程序(single page application, SPA)时，"v-"前缀也变得没那么重要了。因此，Vue 为 v-bind 和 v-on 这两个最常用的指令提供了特定简写。

1. v-bind 缩写

```
<!-- 完整语法 -->
<a v-bind:href="url">...</a>
<!-- 缩写 -->
<a :href="url">...</a>
```

2. v-on 缩写

```
<!-- 完整语法 -->
<a v-on:click="doSomething">...</a>
<!-- 缩写 -->
<a @click="doSomething">...</a>
```

它们看起来可能与普通的 HTML 略有不同，但 ":" 与 "@" 对于特性名来说都是合法字符，在所有支持 Vue 的浏览器中都能被正确地解析。而且，它们不会出现在最终渲染的标记中。

2.3　综合案例——通过插值语法实现商品信息组合

本案例将使用插值语法，输入商品的信息后自动组合起来并显示。

【例 2.9】(实例文件：ch02\2.9.html)通过插值语法实现商品信息组合。

```
<div id="app">
    商品名称: <input type="text" v-model="name"><br /><br />
    商品产地: <input type="text" v-model="city"><br /><br />
    商品价格: <input type="text" v-model="price"><br /><br />
    商品库存: <input type="text" v-model="num"><br /><br />
    商品信息: <span>{{name}}**{{city}}**{{price}}**{{num}}</span>
</div>
<!--引入 vue 文件-->
<script src="https://unpkg.com/vue@3/dist/vue.global.js"></script>
<script>
    //创建一个应用程序实例
    const vm= Vue.createApp({
        //该函数返回数据对象
        data(){
            return{
                name: '',
                city: '',
                price: '',
                num: '',
            }
        },
        //在指定的 DOM 元素上装载应用程序实例的根组件
    }).mount('#app');
</script>
```

在 Chrome 浏览器中运行程序，分别输入商品的各个信息后，结果如图 2-11 所示。

图 2-11 通过插值语法实现商品信息组合

2.4 疑 难 解 惑

疑问 1：如何理解 Vue.js 指令中的动态参数？

从 Vue 2.6.0 版本开始，可以用方括号括起来的 JavaScript 表达式作为一个指令的参数：

```
<a v-bind:[attributeName]="url"> ... </a>
```

这里的 attributeName 会被作为一个 JavaScript 表达式进行动态求值，求得的值将会作为最终的参数来使用。例如，如果 Vue.js 实例有一个 data 属性 attributeName，其值为"href"，那么这个绑定将等价于 v-bind:href。

还可以使用动态参数为一个动态的事件名绑定处理函数：

```
<a v-on:[eventName]="doSomething"> ... </a>
```

当 eventName 的值为"focus"时，v-on:[eventName]将等价于 v-on:focus。

疑问 2：Vue.js 中虚拟 DOM 和真实 DOM 的区别？

虚拟 DOM 其实就是 JavaScript 对象，以 JavaScript 对象的形式去添加 DOM 元素。

例如，DOM 节点在 HTML 文档中的表现如下：

```
<ul id="list">
    <li>item 1</li>
    <li>item 2</li>
</ul>
```

利用 JavaScript 来编写一个虚拟 DOM，在没有渲染的情况下，它就是一个字符串、一个对象。例如下面代码：

```
Let domNode={
    tag:'ul'
    attributes:{id:'list'}
    children:[
    //这里是 li
    ]
}
```

当把信息 push 到节点中时，才会变成真实 DOM。

```
//更新虚拟 DOM 的代码
domNode.children.push('<ul>item 3</ul>')
```

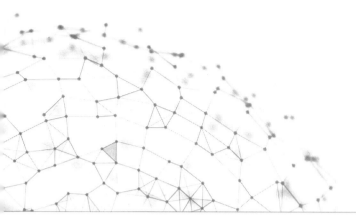

第 3 章

计算属性和侦听器

在 Vue.js 中，可以很方便地将数据通过插值表达式的方式渲染到页面元素中，但是插值表达式的设计初衷是用于简单运算，而不应该对插值做过多的操作。当需要对插值做进一步的处理时，应使用 Vue.js 中的计算属性来完成这一操作。同时，当插值数据变化时，在执行异步或开销较大的操作时，可以采用监听器的方式来达到目的。

3.1 计 算 属 性

计算属性在 computed 选项中定义。计算属性就是当其依赖属性的值发生变化时，这个属性的值会自动更新，与之相关的 DOM 也会同步更新。这里的依赖属性值是 data 中定义的。

下面是一个反转字符串的示例，定义了一个 reversedMessage 计算属性，在 input 输入框中输入字符串时，绑定的 message 属性值将发生变化，触发 reversedMessage 计算属性执行对应的函数，使字符串反转。

【例 3.1】(实例文件：ch03\3.1.html)使用计算属性设计反转字符串。

```html
<div id="app">
    输入内容: <input type="text" v-model="message"><br/>
    反转内容: {{reversedMessage}}
</div>
<!--引入 vue 文件-->
<script src="https://unpkg.com/vue@3/dist/vue.global.js"></script>
<script>
    //创建一个应用程序实例
    const vm= Vue.createApp({
        //该函数返回数据对象
        data() {
            return {
                message: ''
            }
        },
        // 定义组件中的函数
        computed: {
            reversedMessage: function () {
```

```
                    return this.message.split('').reverse().join('')
            }
        }
    //在指定的 DOM 元素上装载应用程序实例的根组件
    }).mount('#app');
</script>
```

运行上述程序，结果如图 3-1 所示。

图 3-1　字符串翻转效果

3.2　计算属性与方法的区别

计算属性的本质就是一个方法，只不过在使用计算属性的时候，把计算属性的名称直接作为属性来使用，并不会把计算属性作为一个方法来调用。

为什么还要使用计算属性而不是定义一个方法呢？计算属性是基于它们的依赖进行缓存的，即只有在相关依赖发生改变时它们才会重新求值。

在某些情况下，计算属性和方法可以实现相同的功能，但它们有一个重要的不同点。在调用 methods 中的一个方法时，所有方法都会被调用。

例如，下面的示例，定义了两个方法：add1 和 add2，分别打印"number+a""number+b"，当调用 add1 时，add2 也将被调用。

【例 3.2】(实例文件：ch03\3.2.html)方法的调用。

```
<div id="app">
    <button v-on:click="a++">a+1</button>
    <button v-on:click="b++">b+1</button>
    <p>number+a={{add1()}}</p>
    <p>number+b={{add2()}}</p>
</div>
<!--引入 vue 文件-->
<script src="https://unpkg.com/vue@3/dist/vue.global.js"></script>
<script>
    //创建一个应用程序实例
    const vm= Vue.createApp({
        //该函数返回数据对象
        data() {
            return {
                a:0,
                b:0,
                number:30
            }
        },
        // 定义组件中的函数
        methods: {
            add1:function(){
                console.log("number+a");
                return this.a+this.number
```

```
        },
        add2:function(){
            console.log("number+b")
            return this.b+this.number
        }
    }
    //在指定的 DOM 元素上装载应用程序实例的根组件
    }).mount('#app');
</script>
```

运行上述程序，按 F12 快捷键打开控制台，单击 a+1 按钮，可以发现控制台打印了"number+a"和"number+b"，如图 3-2 所示。

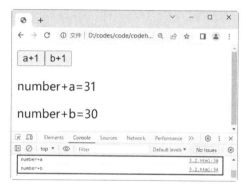

图 3-2　方法的调用效果

使用计算属性则不同，计算属性相当于优化了的方法，使用时只会使用对应的计算属性。例如，更改上面的示例，把 methods 换成 computed，并把 HTML 中调用的 add1 和 add2 方法的括号去掉。

注意

计算属性的调用不能使用括号，如 add1、add2；调用方法则需要加上括号，如 add1()、add2()。

【例 3.3】(实例文件：ch03\3.3.html)计算属性的调用。

```
<div id="app">
    <button v-on:click="a++">a+1</button>
    <button v-on:click="b++">b+1</button>
    <p>number+a={{add1}}</p>
    <p>number+b={{add2}}</p>
</div>
<!--引入 vue 文件-->
<script src="https://unpkg.com/vue@3/dist/vue.global.js"></script>
<script>
    //创建一个应用程序实例
    const vm= Vue.createApp({
        //该函数返回数据对象
        data() {
            return {
                a:0,
                b:0,
                number:30
            }
```

```
    },
    computed: {
        add1:function(){
            console.log("number+a");
            return this.a+this.number
        },
        add2:function(){
            console.log("number+b")
            return this.b+this.number
        }
    }
    //在指定的 DOM 元素上装载应用程序实例的根组件
}).mount('#app');
</script>
```

运行上述程序，按 F12 快捷键打开控制台，可以发现控制台只打印了"number+a"，
如图 3-3 所示。

图 3-3　计算属性的调用效果

计算属性相较于方法更加优化，但并不是任何情况下都使用计算属性，在触发事件时
最好使用对应的方法。计算属性一般在数据量比较大、比较耗时的情况下使用(例如搜
索)，只有虚拟 DOM 与真实 DOM 不同的情况下才会执行 computed。

3.3 监 听 器

在 Vue.js 中，不但可以使用计算属性的方式来监听数据的变化，还可以使用 watch 监
听器方法来监测某个数据发生的变化。不同的是，计算属性仅仅是对数据依赖的属性变化
后进行的操作，而 watch 监听器方法更加侧重监测中的某个数据发生变化后所执行的一系
列功能逻辑操作。

监听器以 key-value 的形式定义，key 是一个字符串，它是需要被监测的对象，而
value 则可以是字符串(方法的名称)、函数(可以获取到监听对象改变前的值以及更新后的值)
或是一个对象(对象内可以包含回调函数的其他选项，例如，是否初始化时执行监听，或是
否执行深度遍历，即是否对对象内部的属性进行监听)。

3.3.1　回调值为函数或方法

在下面的示例中，我们监听了 message 属性的变化，根据属性的变化执行了回调方
法，打印出了属性变化前后的值。

【例 3.4】(实例文件：ch03\3.4.html)回调值为方法。

```
<div id="app">
    输入的值: <input type="text" v-model="message">
</div>
<script>
    new Vue({
        el: '#app',
        data: {
            message: ''
        },
        computed: {},
        watch: {
            message: function (newValue, oldValue) {
                console.log("新值: "+newValue+"--------旧值"+oldValue)
            }
        }
    })
</script>
```

运行上述程序，按 F12 快捷键打开控制台，在输入框中输入"1234"，控制台的打印结果如图 3-4 所示。

图 3-4　控制台的打印结果

同样地，可以通过方法名称指明回调为已经定义好的方法。

【例 3.5】(实例文件：ch03\3.5.html)指明回调为已经定义好的方法。

```
<div id="app">
    输入的值: <input type="text" v-model="message">
</div>
<!--引入vue文件-->
<script src="https://unpkg.com/vue@3/dist/vue.global.js"></script>
<script>
    //创建一个应用程序实例
    const vm= Vue.createApp({
        //该函数返回数据对象
        data() {
            return {
                message: ''
            }
        },
        watch:{
            //调用方法
            message:'way'
        },
        //定义好的方法
        methods:{
            way:function(newValue, oldValue){
                console.log("新值: "+newValue+"--------旧值"+oldValue)
```

```
            }
        },
        //在指定的 DOM 元素上装载应用程序实例的根组件
        }).mount('#app');
</script>
```

运行上述程序，在输入框中输入"1234"，效果与例 3.4 相同。

3.3.2 回调值为对象

当我们监听的回调值为一个对象时，不仅可以设置回调函数，还可以设置一些回调的属性。例如，在下面的示例中，监听了 User 这个对象，同时执行深度遍历，这时监听到 User.name 属性发生改变的时候，就可以执行回调函数。注意，深度遍历默认为 false，当不启用深度遍历时，是无法监听到对象内部属性的变化的。

【例 3.6】(实例文件：ch03\3.6.html)回调值为对象。

```
<div id="app">
    用户姓名：<input type="text" v-model="User.name">
</div>
<!--引入 vue 文件-->
<script src="https://unpkg.com/vue@3/dist/vue.global.js"></script>
<script>
    //创建一个应用程序实例
    const vm= Vue.createApp({
        //该函数返回数据对象
        data() {
            return {
                message: '',
                User: {
                name: '张三丰',
                }
            }
        },
        watch:{
            //调用方法
            'User': {
            handler: function (newValue, oldValue) {
                console.log("对象记录: 新值: "+newValue.name+"--------- 旧值: "
                    +oldValue.name)
                },
                deep: true
            }
        },
        //在指定的 DOM 元素上装载应用程序实例的根组件
        }).mount('#app');
</script>
```

运行上述程序，在"张三丰"后面输入"1234"，控制台的打印效果如图 3-5 所示。

从上面的示例可以发现，newValue 与 oldValue 一样。当监听的数据为对象或数组时，newValue 和 oldValue 是相等的，因为对象和数组都为引用类型，它们的形参指向的也是同一个数据对象。同时，如果不启用深度遍历，将无法监听到 User 对象中 name 属性的变化。

图 3-5　控制台打印效果

【例 3.7】(实例文件：ch03\3.7.html)不启用深度遍历。

```
<div id="app">
    用户姓名：<input type="text" v-model="User.name">
</div>
<!--引入 vue 文件-->
<script src="https://unpkg.com/vue@3/dist/vue.global.js"></script>
<script>
    //创建一个应用程序实例
    const vm= Vue.createApp({
        //该函数返回数据对象
        data() {
            return {
                message: '',
                User: {
                name: '张三丰',
                }
            }
        },
        watch: {
            //回调为对象
            'User': {
                handler: function (newValue, oldValue) {
                    console.log("对象记录：新值："+newValue.name + "--------- 旧值："
                        +oldValue.name)
                },
                deep: false
            }
        },
        methods: {}
    //在指定的 DOM 元素上装载应用程序实例的根组件
    }).mount('#app');
</script>
```

运行上述程序，结果如图 3-6 所示。

图 3-6　不启用深度遍历的打印结果

由前文内容可知：计算属性的结果会被缓存起来，只有依赖的属性发生变化时才会重新计算，必须返回一个数据，主要用来进行纯数据的操作。监听器主要用来监听某个数据的变化，从而去执行某些具体的回调业务逻辑，不仅仅局限于返回数据。

3.4　综合案例——通过计算属性设计注册表

根据前文学习的计算属性的知识，这里设计一个注册表，需要自动检验所填写的内容是否合格，并给出相应的提示信息。

【例 3.8】(实例文件：ch03\3.8.html)设计注册表。

```html
<!DOCTYPE html>
<html lang="en">
<head>
    <meta charset="UTF-8">
    <meta name="viewport" content="width=device-width, initial-scale=1.0">
    <title>用户注册</title>
    <script src="https://unpkg.com/vue@3/dist/vue.global.js"></script>
    <style>
        .container {
            margin:0 auto;
            margin-top: 70px;
            text-align: center;
            width: 300px;
        }
        .subTitle {
            color:gray;
            font-size: 18px;
        }
        .title {
            font-size: 30px;
        }
        .input {
            width: 90%;
        }
        .inputContainer {
            text-align: left;
            margin-bottom: 20px;
        }
        .subContainer {
            text-align: left;
        }
        .field {
            font-size: 14px;
        }
        .input {
            border-radius: 6px;
            height: 25px;
            margin-top: 10px;
            border-color: silver;
            border-style: solid;
            background-color: LightGreen;
        }
        .tip {
            margin-top: 5px;
            font-size: 12px;
            color: gray;
        }
        .label {
            font-size: 12px;
            margin-left: 5px;
            height: 20px;
            vertical-align:middle;
        }
        .checkbox {
            height: 20px;
            vertical-align:middle;
```

```
        }
        .btn {
            border-radius: 10px;
            height: 40px;
            width: 300px;
            margin-top: 30px;
            background-color: LightSeaGreen;
            border-color: darkred;
            color: white;
        }
    </style>
</head>
<body>
    <div class="container" id="Application">
        <div class="container">
            <div class="subTitle">欢迎加入我们的团队！</div>
            <h1 class="title">创建你的账号</h1>
            <div v-for="(item, index) in fields" class="inputContainer">
                <div class="field">{{item.title}} <span v-if="item.required"
                    style="color: red;">*</span></div>
                <input v-model="item.model" class="input" :type="item.type" />
                <div class="tip" v-if="index == 2">请确认密码程度需要大于 8 位</div>
            </div>
            <div class="subContainer">
                <input v-model="receiveMsg" class="checkbox" type="checkbox" />
                <label class="label">接受注册协议</label>
            </div>
            <button @click="createAccount" class="btn">创建账号</button>
        </div>
    </div>
    <script>
    const App = {
        data() {
            return {
                fields:[
                    {
                        title:"用户名",
                        required:true,
                        type:"text",
                        model:""
                    },{
                        title:"邮箱地址",
                        required:false,
                        type:"text",
                        model:""
                    },{
                        title:"密码",
                        required:true,
                        type:"password",
                        model:""
                    }
                ],
                receiveMsg:false
            }
        },
        computed:{
            name: {
                get() {
```

```
                    return this.fields[0].model
                },
                set(value){
                    this.fields[0].model = value
                }
            },
            email: {
                get() {
                    return this.fields[1].model
                },
                set(value){
                    this.fields[1].model = value
                }
            },
            password: {
                get() {
                    return this.fields[2].model
                },
                set(value){
                    this.fields[2].model = value
                }
            }
        },
        methods:{
            emailCheck() {
                var verify = /^\w[-\w.+]*@([A-Za-z0-9][-A-Za-z0-9]+\.)+
                    [A-Za-z]{2,14}/;
                if (!verify.test(this.email)) {
                    return false
                } else {
                    return true
                }
            },
            createAccount() {
                if (this.name.length == 0) {
                    alert("请输入用户名")
                    return
                } else if (this.password.length <= 8) {
                    alert("密码设置需要大于 8 位字符")
                    return
                } else if (this.email.length > 0 && !this.emailCheck
                    (this.email)) {
                    alert("请输入正确的邮箱")
                    return
                }
                alert("注册成功")
                console.log('name:${this.name}\npassword:${this.password}\
                    nemail:${this.email}\nreceiveMsg:${this.receiveMsg}')
            }
        }
    }
    Vue.createApp(App).mount("#Application")
</script>
</body>
</html>
```

运行上述程序，填入注册信息后，单击"创建账号"按钮，结果如图 3-7 所示。

图 3-7　注册表效果

3.5　疑　难　解　惑

疑问 1：在 Vue.js 中，可以通过一个计算属性或侦听属性来监听某个数据属性的变化。当一个数据在它所依赖的属性发生变化时，也要发生变化，这种情况下，选择计算属性还是侦听属性呢？

建议选择计算属性。

例如，在下面这个例子中，如果使用监听函数，代码就会变得有点冗余。

```
<div id="app">
    {{ fullName }}
</div>
<!--引入 vue 文件-->
<script src="https://unpkg.com/vue@3/dist/vue.global.js"></script>
<script>
    //创建一个应用程序实例
    const vm= Vue.createApp({
        //该函数返回数据对象
        data() {
            return {
                firstName: '杜',
                lastName: '鹃',
                fullName: '杜鹃'
            }
        },
        watch: {
            firstName: function (val) {
                this.fullName = val + ' ' + this.lastName
            },
            lastName: function (val) {
                this.fullName = this.firstName + ' ' + val
            }
        }
        //在指定的 DOM 元素上装载应用程序实例的根组件
    }).mount('#app');
</script>
```

fullName 属性依赖于 firstName 和 lastName，这里有个缺点，就是无论 firstName 或 lastName 中的任何一个发生改变时，都要调用不同的监听函数来更新 fullName 属性。

但是当使用计算属性时，代码就会变得更加简洁：

```
<div id="app">
    {{ fullName }}
</div>
<!--引入 vue 文件-->
<script src="https://unpkg.com/vue@3/dist/vue.global.js"></script>
<script>
    //创建一个应用程序实例
    const vm= Vue.createApp({
        //该函数返回数据对象
        data() {
            return {
                firstName: '杜',
                lastName: '鹃',
            }
        },
        computed: {
            fullName: function () {
                return this.firstName + ' ' + this.lastName
            }
        }
    //在指定的 DOM 元素上装载应用程序实例的根组件
    }).mount('#app');
</script>
```

疑问 2：如何使用计算属性中的 setter 属性？

计算属性默认只有 getter 属性，不过在需要时也可以使用 setter 属性。默认情况下使用 getter 属性读取：

```
<script>
    //创建一个应用程序实例
    const vm= Vue.createApp({
        //该函数返回数据对象
        data() {
            return {
                firstName: '杜',
                lastName: '鹃',
            }
        },
        computed: {
            fullName: {
                // getter
                get: function () {
                    return this.firstName + ' ' + this.lastName
                }
            }
        }
    //在指定的 DOM 元素上装载应用程序实例的根组件
    }).mount('#app');
</script>
```

当手动修改计算属性的值，像修改一个普通数据那样时，就会触发 setter 属性，执行一些自定义的操作，例如下面代码：

```
…
computed: {
    fullName: {
        // getter
        get: function () {
            return this.firstName + ' ' + this.lastName
        },
        // setter
        set: function (newValue) {
            var names = newValue.split(' ');
            this.firstName = names[0];
            this.lastName = names[names.length - 1];
        }
    }
}
…
```

当通过浏览器的 JavaScript 控制台运行 vm.fullName='杜甫'时，setter 属性会被调用，
vm.firstName 和 vm.lastName 也会相应地被更新。

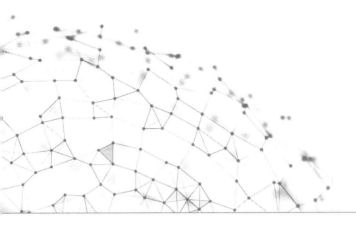

第4章

指　令

指令是 Vue.js 模板中最常用的一项功能，它带有前缀 v-，主要职责是当其表达式的值改变时，相应地将某些行为应用在 DOM 上。本章开始学习基本指令、条件渲染、列表渲染和自定义指令。

4.1　基　本　指　令

Vue.js 的各种指令(Directives)更加方便去实现数据驱动 DOM，如 v-cloak、v-model、v-once、v-text、v-html、v-bind 和 v-on 等。

4.1.1　v-cloak

在使用 Vue.js 的过程中，当引入了 vue.js 这个文件之后，浏览器的内存中就存在一个Vue.js 对象，我们可以通过构造函数的方式创建出一个 Vue.js 的对象实例，后面就可以对这个实例进行操作。

如果在这个过程中，vue.js 的引用因为某些原因没有加载完成，此时，未编译的Mustache 标签就无法正常显示。例如，在下面的例子中，我们模拟网页加载速度变慢，此时就可以看见，页面最开始会显示出插值表达式，只有 vue.js 加载完成后，才会渲染成正确的数据。

【例 4.1】(实例文件：ch04\4.1.html)v-cloak 示例。

```
<div id="app">
    <p>{{message}}</p>
    </div>
<!--引入 vue 文件-->
<script src="https://unpkg.com/vue@3/dist/vue.global.js"></script>
<script>
    //创建一个应用程序实例
    const vm= Vue.createApp({
        //该函数返回数据对象
        data() {
            return {
```

```
            message: 'hello world!'
        }
    },
    //在指定的 DOM 元素上装载应用程序实例的根组件
}).mount('#app');
</script>
```

运行上述程序，可以发现，vue.js 加载完成后，才会渲染成正确的数据。

这时虽然已经加了指令 v-cloak，但并没有起到任何作用，当网速较慢、vue.js 文件还没有加载完成时，在页面上会显示{{message}}字样，直到 vue.js 创建实例、编译模板时，DOM 才会被替换，所以这个过程屏幕是有闪动的。只要加上下面一段 CSS 就可以解决这个问题：

```
<!-- 添加 v-cloak 样式 -->
<style>
    [v-cloak] {
        display: none;
    }
</style>
```

4.1.2 v-once

v-once 指令只渲染元素和组件一次，随后的渲染，使用了此指令的元素、组件及其所有的子节点，都会当作静态内容并跳过，这可以用于优化更新性能。

例如，在下面的示例中，当修改 input 输入框中的值时，使用了 v-once 指令的 p 元素，不会随之改变，而第二个 p 元素跟随着输入框内容的改变而改变。

【例 4.2】(实例文件：ch04\4.2.html)v-once 示例。

```
<div id="app">
    <p v-once>不可改变：{{msg}}</p>
    <p>可以改变：{{msg}}</p>
    <p><input type="text" v-model = "msg" name=""></p>
</div>
<!--引入 vue 文件-->
<script src="https://unpkg.com/vue@3/dist/vue.global.js"></script>
<script>
    //创建一个应用程序实例
    const vm= Vue.createApp({
        //该函数返回数据对象
        data() {
            return {
                msg : "hello"
            }
        },
        //在指定的 DOM 元素上装载应用程序实例的根组件
    }).mount('#app');
</script>
```

运行上述程序，然后在输入框中接着输入"123"，可以看到，添加 v-once 指令的 p 标签，并没有任何的变化，效果如图 4-1 所示。

图 4-1 v-once 指令作用效果

4.1.3 v-text 与 v-html

v-text 与 v-html 指令都可以更新页面元素的内容，不同的是，v-text 会将数据以字符串文本的形式更新，而 v-html 则是将数据以 HTML 标签的形式更新。

在更新数据时，也可以使用插值表达式，不同于 v-text、v-html 指令，插值表达式只会更新原本占位插值所在的数据内容，而 v-text、v-html 指令则会替换整个内容。

【例 4.3】(实例文件：ch04\4.3.html)v-text 与 v-html 指令示例。

```html
<div id="app">
    <p>******{{message}}******</p>
    <p v-text="message">************</p>
    <p v-text="Html">************</p>
    <p v-html="Html">************</p>
</div>
<!--引入 vue 文件-->
<script src="https://unpkg.com/vue@3/dist/vue.global.js"></script>
<script>
    //创建一个应用程序实例
    const vm= Vue.createApp({
        //该函数返回数据对象
        data() {
            return {
                message: 'hello world!',
                Html: '<h3 style="color:blue">Vue.js 是现在最流行的框架之一</h3>'
            }
        },
        //在指定的 DOM 元素上装载应用程序实例的根组件
    }).mount('#app');
</script>
```

运行上述程序，结果如图 4-2 所示。

图 4-2 v-text 与 v-html 指令作用效果

4.1.4　v-bind

v-bind 可以用来在标签上绑定标签的属性(例如：img 的 src、title 属性等)和样式(可以用 style 的形式进行内联样式的绑定，也可以通过指定 class 的形式指定样式)。同时，将绑定的内容作为一个 JavaScript 变量，因此，可以对该内容编写合法的 JavaScript 表达式。

在下面的示例中，将按钮的 title 和 style 通过 v-bind 指令进行绑定，对于样式的绑定，需要构建一个对象，其他的样式绑定方法，将在后面的学习中提到。

【例 4.4】(实例文件：ch04\4.4.html)v-bind 指令示例。

```html
<div id="app">
    <!--v-bind：可以用来在标签上绑定标签的属性和样式，对于绑定的内容，可以对该内容编写合法的
        JavaScript 表达式-->
    <input type="button" value="按钮" v-bind:title="Title" v-bind:style=
        "{color:Color,width:Width+'px'}">
    <!-- 简写形式如下: -->
    <!--<input type="button" value="按钮" :title="Title" :style=
        "{color:Color,width:Width+'px'}">-->
</div>
<!--引入 vue 文件-->
<script src="https://unpkg.com/vue@3/dist/vue.global.js"></script>
<script>
    //创建一个应用程序实例
    const vm= Vue.createApp({
        //该函数返回数据对象
        data() {
            return {
                Title: '这是我自定义的title属性',
                Color: 'red',
                Width: '120'
            }
        },
    //在指定的 DOM 元素上装载应用程序实例的根组件
    }).mount('#app');
</script>
```

运行上述程序，按 F12 快捷键打开控制台，可以看到数据已经渲染到了 DOM 中，如图 4-3 所示。

图 4-3　v-bind 指令作用效果

4.1.5　v-on

在传统的前端开发中，想对一个按钮绑定事件时，需要获取到这个按钮的 DOM 元素，再对这个获取到的元素进行事件的绑定。在 Vue.js 中，对于 DOM 的操作，则全部让 Vue.js 替我们完成，我们只关注业务代码实现，使用 Vue.js 内置的 v-on 指令就可以替我们完成事件的绑定。

【例 4.5】(实例文件：ch04\4.5.html)传统的 JavaScript 实现单击事件。

```
<div id="app">
    <input type="button" value="单击事件" id="btn">
</div>
<script>
    // 传统的事件绑定方法
    document.getElementById('btn').onclick = function () {
        alert('传统的事件绑定方法');
    }
</script>
```

运行上述程序，单击"单击事件"按钮，将触发事件，效果如图 4-4 所示。

图 4-4　传统的单击事件效果

在 Vue.js 的设计中，许多事件处理逻辑会更为复杂，所以直接把 JavaScript 代码写在 v-on 指令中是不可行的。因此 v-on 还需要接收一个调用的方法名称，可以在 Vue.js 实例的 methods 属性下写出方法，在方法中编写逻辑代码。

【例 4.6】(实例文件：ch04\4.6.html)methods 属性示例。

```
<div id="app">
    <input type="button" value="单击事件" v-on:click="Alert()">
</div>
<!--引入 vue 文件-->
<script src="https://unpkg.com/vue@3/dist/vue.global.js"></script>
<script>
    //创建一个应用程序实例
    const vm= Vue.createApp({
        //在 methods 属性中定义 Alert 方法
        methods:{
            Alert:function(){
                alert("Vue.js 中的事件绑定")
            }
```

```
    }
    //在指定的 DOM 元素上装载应用程序实例的根组件
    }).mount('#app');
</script>
```

运行上述程序，结果如图 4-5 所示。

图 4-5　methods 属性实现效果

使用 v-on 指令接收的方法名称也可以传递参数，只需要在 methods 属性中定义方法时说明这个形参，即可在方法中获取到。

4.2　条 件 渲 染

v-if、v-show 可以实现条件渲染，Vue.js 会根据表达式值的真假条件来渲染元素。还有一些可以与 v-if 搭配的 v-else、v-else-if 指令，类似于 JavaScript 中的 if-else、if-elseif-elseif。

4.2.1　v-if

v-if 指令用于条件性地渲染一块内容。这块内容只会在指令的表达式返回 truthy 值的时候被渲染。

> **提示**
>
> 在 JavaScript 中，truthy(真值)指的是在上下文中布尔值转换后的值为真的值。所有值都是真值，除非它们被定义为 falsy(即除了 false、0、""、null、undefined 和 NaN 外)。

【例 4.7】 (实例文件：ch04\4.7.html)v-if 指令示例。

```
<div id="app">
    目前比较热门的前端框架
    <h3 v-if="value">Vue.js</h3>
    <h3 v-if="!value">Angular.js</h3>
</div>
<!--引入 vue 文件-->
<script src="https://unpkg.com/vue@3/dist/vue.global.js"></script>
<script>
    //创建一个应用程序实例
    const vm= Vue.createApp({
        //该函数返回数据对象
        data() {
            return {
```

```
                value:true
            }
        }
    //在指定的 DOM 元素上装载应用程序实例的根组件
    }).mount('#app');
</script>
```

运行上述程序，按 F12 快捷键打开控制台，结果如图 4-6 所示。

图 4-6　v-if 指令作用效果

在上面的示例中，value 值为 true，!value 的值则为 false。也可以用 v-else 添加一个
"else 块"。

【例 4.8】(实例文件：ch04\4.8.html)添加一个"else 块"。

```
<div id="app">
    最喜欢吃的水果
    <h3 v-if="!value">苹果</h3>
    <h3 v-else>葡萄</h3>
</div>
<!--引入 vue 文件-->
<script src="https://unpkg.com/vue@3/dist/vue.global.js"></script>
<script>
    //创建一个应用程序实例
    const vm= Vue.createApp({
        //该函数返回数据对象
        data() {
            return {
                value:true
            }
        }
    //在指定的 DOM 元素上装载应用程序实例的根组件
    }).mount('#app');
</script>
```

运行上述程序，按 F12 快捷键打开控制台，结果如图 4-7 所示。

图 4-7　"else 块"作用效果

4.2.2 在<template>元素上使用 v-if 条件渲染分组

因为 v-if 是一个指令，所以必须将它添加到一个元素上。但是如果想切换多个元素，此时可以把一个<template>元素当作不可见的包裹元素，并在上面使用 v-if，最终的渲染结果将不包含<template>元素。

【例 4.9】(实例文件：ch04\4.9.html)使用<template>包裹元素。

```
<div id="app">
    <template v-if="value">
        <h3>需要采购的商品</h3>
        <p>洗衣机</p>
        <p>冰箱</p>
    </template>
</div>
<!--引入 vue 文件-->
<script src="https://unpkg.com/vue@3/dist/vue.global.js"></script>
<script>
    //创建一个应用程序实例
    const vm= Vue.createApp({
        //该函数返回数据对象
        data() {
            return {
                value:true
            }
        }
    //在指定的 DOM 元素上装载应用程序实例的根组件
    }).mount('#app');
</script>
```

运行上述程序，按 F12 快捷键打开控制台，可以看到最终的渲染结果将不包含<template>元素，如图 4-8 所示。

4.2.3 v-else

可以使用 v-else 指令来表示 v-if 的 "else 块"，类似于 JavaScript 中的 if-else 逻辑语句。

【例 4.10】(实例文件：ch04\4.10.html)v-else 指令示例。

图 4-8 <template>包裹元素

```
<div id="app">
    <h3>value 此时的值:{{value}}</h3>
    <!--如果 value>0.5-->
    <div v-if="value>0.5">
        你现在可以看到我
    </div>
    <!--否则-->
    <div v-else>
        你现在看不到我
    </div>
</div>
<!--引入 vue 文件-->
<script src="https://unpkg.com/vue@3/dist/vue.global.js"></script>
```

```
<script>
    //创建一个应用程序实例
    const vm= Vue.createApp({
        //该函数返回数据对象
        data() {
            return {
                value:Math.random()  //定义一个随机值
            }
        }
        //在指定的 DOM 元素上装载应用程序实例的根组件
    }).mount('#app');
</script>
```

运行上述程序，按 F12 快捷键打开控制台，结果如图 4-9 所示。

图 4-9　v-else 指令作用效果

注意

　　v-else 元素必须紧跟在带 v-if 或者 v-else-if 的元素后面，否则将不会被识别。

4.2.4　v-else-if

v-else-if 指令类似于条件语句中的"else-if 块"，可以与 v-if 连续使用。

【例 4.11】(实例文件：ch04\4.11.html)v-else-if 指令示例。

```
<div id="app">
    <div v-if="type === 'A'">
        A
    </div>
    <div v-else-if="type === 'B'">
        B
    </div>
    <div v-else-if="type === 'C'">
        C
    </div>
    <div v-else>
        Not A/B/C
    </div>
</div>
<!--引入 vue 文件-->
<script src="https://unpkg.com/vue@3/dist/vue.global.js"></script>
<script>
    //创建一个应用程序实例
    const vm= Vue.createApp({
        //该函数返回数据对象
```

```
        data() {
            return {
                type:"E"
            }
        }
    //在指定的 DOM 元素上装载应用程序实例的根组件
    }).mount('#app');
</script>
```

运行上述程序,按 F12 快捷键打开控制台,结果如图 4-10 所示。

图 4-10　v-else-if 指令作用效果

注意

类似于 v-else,v-else-if 也必须紧跟在带 v-if 或者 v-else-if 的元素之后。

4.2.5　v-show

另一个用于根据条件展示元素的选项是 v-show 指令,其用法与 v-if 大致一样,不同的是带有 v-show 的元素始终会被渲染并保留在 DOM 中。

v-show 只是简单地切换元素的 CSS 属性 display,当模板属性值为 true 的时候,控制台显示为 display:block;属性值为 false 的时候,控制台显示 display: none。

注意

v-show 不支持<template>语法,也不支持 v-else。

【例 4.12】(实例文件:ch04\4.12.html)v-show 指令示例。

```
<div id="app">
    学习新技术
    <h3 v-show="value">Vue.js</h3>
    <h3 v-show="!value">Angular.js</h3>
</div>
<script src="https://unpkg.com/vue@3/dist/vue.global.js"></script>
<script>
    //创建一个应用程序实例
    const vm= Vue.createApp({
        //该函数返回数据对象
        data() {
            return {
                value:true
            }
```

```
    }
    //在指定的 DOM 元素上装载应用程序实例的根组件
    }).mount('#app');
</script>
```

运行上述程序，按 F12 快捷键打开控制台，结果如图 4-11 所示。

图 4-11 v-show 指令作用效果

4.2.6 v-if 与 v-show 的区别

v-if 与 v-show 指令都是根据表达式的真假值来判断元素的显示与隐藏。

v-if 是"真正"的条件渲染，因为它会确保在切换过程中，条件块内的事件监听器和子组件适当地被销毁和重建。

v-if 也是惰性的：如果在初始渲染时条件为假，则什么也不做，直到条件第一次变为真时，才会开始渲染条件块。

相比之下，v-show 就简单得多，不管初始条件是什么，元素总是会被渲染，并且只是简单地基于 CSS 进行切换。

一般来说，v-if 有更高的切换开销，而 v-show 有更高的初始渲染开销。因此，如果需要频繁地进行切换，则使用 v-show 较好；如果在运行时条件很少改变，则使用 v-if 较好。

在下面的示例中，我们使用 v-if 与 v-show 指令，通过绑定一个按钮的单击事件，去修改 message 值，从而做到对两张图片标签的显示与隐藏的控制。

【例 4.13】(实例文件：ch04\4.13.html)v-if 与 v-show 比较示例。

```
<div id="app">
    <input type="button" value="切换" @click="Click"><br/>
    <!--v-if 指令控制-->
    <img v-if="message" src="img/001.png" alt="" width="200">
    <!-- v-show 指令控制-->
    <img v-show="message" src="img/002.png" alt="" width="200">
</div>
<script src="https://unpkg.com/vue@3/dist/vue.global.js"></script>
<script>
    //创建一个应用程序实例
    const vm= Vue.createApp({
        //该函数返回数据对象
        data() {
            return {
                message: true
            }
        },
```

```
    methods: {
        Click:function() {
            this.message=!this.message;
        }
    }
    //在指定的DOM元素上装载应用程序实例的根组件
    }).mount('#app');
</script>
```

> **提示**
>
> 其中 this.message=!this.message;的作用是动态切换 message 的值(true)，当单击按钮时，message 的值变为相反的值(false)。

运行上述程序，按 F12 快捷键打开控制台，由于 message 的值为 true，所以两张图片的显示效果如图 4-12 所示。

当单击"切换"按钮后，message 的值变成 false，两张图片都将隐藏，效果如图 4-13 所示。

图 4-12　页面初始化效果

图 4-13　图片隐藏后的控制台结果

从上面的示例可以看到，message 的初始值为 true，此时，两个图片标签都可以显示出来，当单击"切换"按钮后，两张图片都将隐藏。不同的是，使用 v-if 指令控制的 img 标签，当表达式为 false 时，这个元素 DOM 会直接销毁并重建，而使用 v-show 指令控制的 img 标签，当表达式为 false 时，仅仅是将当前元素的 display CSS 属性值设置为 none。所以，当需要频繁控制元素的显示与隐藏时，推荐使用 v-show 指令，避免因为使用 v-if 指令而造成的高性能消耗。

4.3　列表渲染

当遍历一个数组或枚举一个对象进行迭代循环展示时，就会用到列表渲染指令 v-for。

4.3.1　使用 v-for 指令遍历元素

不管是编写 C#、Java 还是前端的 JavaScript 脚本，提到循环数据，首先都会想到使用

for 循环。同样地，在 Vue.js 中，也为我们提供了 v-for 指令用来使用循环。

在使用 v-for 指令时，可以对数组、对象、数字、字符串进行循环，来获取到源数据中的每一个值。使用 v-for 指令，必须使用特定语法 alias in expression，其中 items 是源数据数组，而 item 则是被迭代的数组元素的别名，具体格式如下：

```
<div v-for="item in items">
  {{ item.text }}
</div>
```

1. 使用 v-for 遍历数组

【例 4.14】(实例文件：ch04\4.14.html)遍历数组示例。

```
<div id="app">
    <h3>本季度最新出版的图书：</h3>
    <ul>
        <li v-for="item in items">
            {{ item }}
        </li>
    </ul>
</div>
<script src="https://unpkg.com/vue@3/dist/vue.global.js"></script>
<script>
    //创建一个应用程序实例
    const vm= Vue.createApp({
        //该函数返回数据对象
        data() {
          return {
            items: ['Vue.js 从入门到项目实战','Bootstrap 从入门到项目实战',
                'AngularJS 从入门到项目实战']
            }
          }
        }
    //在指定的 DOM 元素上装载应用程序实例的根组件
    }).mount('#app');
</script>
```

运行上述程序，结果如图 4-14 所示。

图 4-14　遍历数组效果

在 v-for 指令中，可以访问所有父作用域的属性。v-for 还支持一个可选的第二个参数，即当前项的索引。例如，更改上面示例，代码如下。

【例 4.15】(实例文件：ch04\4.15.html)v-for 指令第二个参数。

```
<div id="app">
    <h3>本季度最新出版的图书：</h3>
    <ul>
        <li v-for="(item,index) in items">
```

```
        {{ index }}-{{ item }}
      </li>
   </ul>
</div>
<script src="https://unpkg.com/vue@3/dist/vue.global.js"></script>
<script>
    //创建一个应用程序实例
    const vm= Vue.createApp({
        //该函数返回数据对象
        data() {
          return {
            items: ['Vue.js 从入门到项目实战','Bootstrap 从入门到项目实战',
              'AngularJS 从入门到项目实战']
            }
        }
    //在指定的 DOM 元素上装载应用程序实例的根组件
    }).mount('#app');
</script>
```

运行上述程序，结果如图 4-15 所示。

图 4-15　v-for 指令第二个参数

注意

可以使用 of 替代 in 作为分隔符，因为它更接近 JavaScript 迭代器的语法：

```
<div v-for="item of items"></div>
```

2. 使用 v-for 遍历对象

【例 4.16】(实例文件：ch04\4.16.html)遍历对象。

```
<div id="app">
    <h3>水果介绍</h3>
    <ul>
        <li v-for="value in object">
            {{ value }}
        </li>
    </ul>
</div>
<script src="https://unpkg.com/vue@3/dist/vue.global.js"></script>
<script>
    //创建一个应用程序实例
    const vm= Vue.createApp({
        //该函数返回数据对象
        data() {
          return {
            //定义对象
```

```
        object: {
            名称: '葡萄',
            价格: '18.8元',
            产地: '吐鲁番'
        }
    }
}
//在指定的 DOM 元素上装载应用程序实例的根组件
}).mount('#app');
</script>
```

运行上述程序，结果如图 4-16 所示。

图 4-16　v-for 指令遍历对象

也可以提供第二个参数为 property 名称(也就是键名)：

```
<div id="app">
    <h3>水果介绍</h3>
    <ul>
        <li v-for="(value,name) in object">
            {{name}}: {{ value }}
        </li>
    </ul>
</div>
```

运行上述程序，结果如图 4-17 所示。

图 4-17　v-for 第二个参数(键名)

还可以用第三个参数作为索引：

```
<div id="app">
    <h3>水果介绍</h3>
    <ul>
        <li v-for="(value,name,index) in object">
            {{index}}-{{name}}: {{ value }}
```

```
        </li>
    </ul>
</div>
```

运行上述程序，结果如图4-18所示。

图4-18   v-for 第三个参数(索引)

注意

在遍历对象时，会按 Object.keys()的结果遍历，但是不能保证它的结果在不同的 JavaScript 引擎下都一致。Object.keys()用来获取对象自身可枚举的属性键。

4.3.2 维护状态

当 Vue.js 正在更新使用 v-for 渲染的元素列表时，它默认使用"就地更新"的策略。如果数据项的顺序被改变了，Vue.js 将不会移动 DOM 元素来匹配数据项的顺序，而是就地更新每个元素，并且确保它们在每个索引位置被正确渲染。

这个默认的模式是高效的，但是只适用于不依赖子组件状态或临时 DOM 状态(例如：表单输入值)的列表渲染输出。

为了给 Vue.js 一个提示，以便它能跟踪每个节点的身份，从而重用和重新排序现有元素，需要为每项提供一个唯一的 key 属性：

```
<div v-for="item in items" v-bind:key="item.id">
    <!--内容-->
</div>
```

建议在使用 v-for 时尽可能提供 key 属性，除非遍历输出的 DOM 内容非常简单，或者是刻意依赖默认行为以获取性能上的提升。

注意

不要使用对象或数组之类的非基本类型值作为 v-for 的 key。请使用字符串或数值类型的值。

4.3.3 数组更新检测

Vue.js 为了增加列表渲染的功能，提供了一组观察数组的方法，还可以显示一个数组的过滤或排序的副本。

1. 变异方法

Vue.js 将被侦听数组的变异方法(mutation method)进行了包裹，所以它们也将会触发视图更新。这些被包裹过的方法如下所示。

- push()：接收任意数量的参数，把它们逐个添加到数组末尾，并返回修改后数组的长度。
- pop()：从数组末尾移除最后一项，减少数组的 length 值，然后返回移除的项。
- shift()：移除数组中的第一个项并返回该项，同时数组的长度减 1。
- unshift()：在数组前端添加任意一个项并返回新数组长度。
- splice()：删除原数组的一部分成员，并可以在被删除的位置添加新的数组成员。
- sort()：调用每个数组项的 toString()方法，然后比较得到的字符串排序，返回经过排序之后的数组。
- reverse()：用于反转数组的顺序，返回经过排序之后的数组。

这些方法类似于 JavaScript 中操作数组的方法，下面使用 push()方法，来看一下其效果。

【例 4.17】(实例文件：ch04\4.17.html)push()方法示例。

```html
<div id="app">
    <h3>本月需要采购的水果：</h3>
    <ul>
    <li v-for="item in items">
        {{ item }}
    </li>
    </ul>
</div>
<script src="https://unpkg.com/vue@3/dist/vue.global.js"></script>
<script>
    //创建一个应用程序实例
    const vm= Vue.createApp({
        //该函数返回数据对象
        data() {
          return {
            items: ['苹果','香蕉','荔枝','葡萄']
          }
        }
    //在指定的 DOM 元素上装载应用程序实例的根组件
    }).mount('#app');
    //使用 push()方法
    vm.items.push('芒果');
</script>
```

运行上述程序，可以看到在数组的最后渲染了"芒果"，结果如图 4-19 所示。

图 4-19　push()方法示例

2. 替换数组

变异方法，顾名思义会改变调用了这些方法的原始数组。相比之下，也有非变异方法，例如 filter()、concat()和 slice()。它们不会改变原始数组，而总是返回一个新数组。当使用非变异方法时，可以用新数组替换旧数组。非变异方法如下所示。

- concat()：先创建当前数组的一个副本，然后将接收到的参数添加到这个副本的末尾，最后返回新构建的数组。
- slice()：基于当前数组中一个或多个项创建一个新数组，接受一个或两个参数，即要返回项的起始和结束位置，最后返回新数组。
- map()：对数组的每一项运行给定函数，返回每次函数调用的结果组成的数组。
- filter()：对数组中的每一项运行给定函数，该函数会返回 true 的项组成的数组。

例如，要显示一个数组的过滤或排序副本，而不实际改变或重置原始数据(非变异方法)，可以使用 filter()方法。

【例 4.18】(实例文件：ch04\4.18.html)filter()方法示例。

```html
<div id="app">
    <ul>
        <li v-for="n in items">{{ n }}</li>
    </ul>
</div>
<script src="https://unpkg.com/vue@3/dist/vue.global.js"></script>
<script>
    //创建一个应用程序实例
    const vm= Vue.createApp({
        //该函数返回数据对象
        data() {
          return {
            numbers: [ 1, 2, 3, 4, 5 ]
          }
        },
        computed:{
            items: function () {
                return this.numbers.filter(function (number)
                {
                    return number<4
                })
            }
        }
    //在指定的 DOM 元素上装载应用程序实例的根组件
    }).mount('#app');
</script>
```

运行上述程序，结果如图 4-20 所示。

图 4-20　filter()方法示例

有人可能会认为，这将导致 Vue.js 丢弃现有 DOM 并重新渲染整个列表，事实并非如此。Vue.js 为了使 DOM 元素得到最大范围的重用而实现了一些智能的启发式方法，所以用一个含有相同元素的数组去替换原来的数组是非常高效的操作。

4.3.4 对象变更检测注意事项

由于 JavaScript 的限制，Vue.js 不能检测对象属性的添加或删除。

Vue.js 实现数据双向绑定有这么一个过程：当把一个普通的 JavaScript 对象传送给 Vue.js 实例的 data 选项，Vue.js 将遍历此对象所有的属性，并使用 Object.defineProperty() 把这些属性全部转换为 getter 或 setter。每个组件实例都有相应的 watcher 实例对象，它会在组件渲染的过程中把属性记录为依赖，之后当依赖项的 setter 属性被调用时，会通知 watcher 重新计算，从而致使其关联的组件得以更新，实现数据 data 变化，即更新视图 view。

如果因为一个对象的属性没有在 data 中声明，则它就不是响应式的。由于 Vue.js 会在初始化实例时对属性执行 getter 或 setter 转化过程，这样该对象属性就是响应式的。而执行这个过程必须在 data 中声明才会有。

例如下面代码：

```
<script>
  //创建一个应用程序实例
  const vm= Vue.createApp({
    //该函数返回数据对象
    data() {
      return {
        a:1
      }
    }
    //在指定的 DOM 元素上装载应用程序实例的根组件
  }).mount('#app');
  vm.b=2;
</script>
```

其中 vm.a 是响应式的，而 vm.b 不是响应式的。

对于已经创建的实例，Vue.js 不允许动态添加根级别的响应式属性。但是，可以使用 Vue.set(object, propertyName, value)方法向嵌套对象添加响应式属性。例如：

```
<script>
  //创建一个应用程序实例
  const vm= Vue.createApp({
    //该函数返回数据对象
    data() {
      return {
        object: {
          name: '小明'
        }
      }
    }
    //在指定的 DOM 元素上装载应用程序实例的根组件
  }).mount('#app');
</script>
```

可以添加一个新的 age 属性到嵌套的 object 对象：

```
Vue.set(vm.object, 'age', 27)
```

还可以使用 vm.$set 实例方法,它只是全局 Vue.set 的别名:

```
vm.$set(app.object, 'age', 27)
```

有时可能需要为已有对象赋值多个新属性,如使用 Object.assign()或_.extend()。在这种情况下,应该用两个对象的属性创建一个新的对象。所以,如果添加新的响应式属性,不要像这样编写:

```
Object.assign(app.object, {
  age: 27,
  sex: '男'
})
```

应该这样编写:

```
app.userProfile = Object.assign({},app.object,{
  age: 27,
  sex: '男'
})
```

4.3.5 在<template>上使用 v-for

类似于 v-if,也可以利用带有 v-for 的<template>来循环渲染一段包含多个元素的内容。

【例 4.19】(实例文件:ch04\4.19.html)在<template>上使用 v-for。

```
<div id="app">
    <template v-for="n in items">
        <li>{{n.name}}-{{n.age}}-{{n.sex}}</li>
        <hr/>
    </template>
</div>
<script src="https://unpkg.com/vue@3/dist/vue.global.js"></script>
<script>
    //创建一个应用程序实例
    const vm= Vue.createApp({
        //该函数返回数据对象
        data() {
          return {
            items:[
                {
                    name:'小明',
                    age:15,
                    sex:'男'
                },
                {
                    name:'小红',
                    age:14,
                    sex:'女'
                }
            ]
          }
        }
    //在指定的DOM元素上装载应用程序实例的根组件
    }).mount('#app');
```

```
</script>
```

运行上述程序，结果如图 4-21 所示。

图 4-21　在<template>上使用 v-for 渲染结果

 提示　　代码最终编译后，template 不会被渲染成元素。一般 template 常和 v-for 和 v-if 一起结合使用，这样会使整个 HTML 结构没有那么多多余的元素，整个结构会更加清晰。

4.3.6　v-for 与 v-if 一起使用

当 v-for 与 v-if 处于同一节点上时，v-for 的优先级比 v-if 更高，这意味着 v-if 将分别重复运行于每个 v-for 循环中。当只想为部分项渲染节点时，这种优先级的机制会十分有用。例如下面的示例，循环出没有报到的学生名字。

【例 4.20】(实例文件：ch04\4.20.html)v-for 与 v-if 一同使用。

```
<div id="app">
    <h3>没有报到的学生名单：</h3>
    <ul>
        <li v-for="n in student">
            {{ n.name}}
        </li>
    </ul>
</div>
<script src="https://unpkg.com/vue@3/dist/vue.global.js"></script>
<script>
    //创建一个应用程序实例
    const vm= Vue.createApp({
        //该函数返回数据对象
        data() {
          return {
            items:[
                {name:'小明',},
                {name:'小红',},
                {name:'小华', value:'已报到'},
                {name:'小思'}
            ]
          }
```

```
    },
    computed:{
        student:function(){
            return this.items.filter(function (n) {
                return !n.value
            })
        }
    }
    //在指定的 DOM 元素上装载应用程序实例的根组件
}).mount('#app');
</script>
```

运行上述程序，结果如图 4-22 所示。

图 4-22　v-for 与 v-if 一起使用

4.4　自定义指令

前面小节介绍了许多 Vue.js 内置的指令，如 v-if、v-show 等，这些丰富的内置指令能满足绝大部分业务需求，不过在需要一些特殊功能时，仍然希望对 DOM 进行底层的操作，这时就要用到自定义指令。

自定义指令的注册方法和组件很像，也分为全局注册和局部注册。全局注册使用应用程序实例的 directive()方法注册一个全局自定义指令，该方法包含两个参数，第一个参数是指令的名称；第二个参数是一个定义对象或函数对象，将指令要实现的功能在这个对象中定义。语法格式如下：

```
vm.directive(name,[definition])
```

局部注册是在组件实例的选项对象中使用 directives 选项进行注册。代码如下：

```
directives:{
    focus:{
    //指令选项
    }
}
```

【例 4.21】(实例文件：ch04\4.21.html)自定义 v-focus 指令。

```
<div id="app">
    <input v-focus>
</div>
<script src="https://unpkg.com/vue@3/dist/vue.global.js"></script>
<script>
    const vm= Vue.createApp({ });
    // 注册一个全局自定义指令 "v-focus"
    vm.directive('focus', {
        //当被绑定的元素插入到 DOM 中时
        mounted(el) {
            // 聚焦元素
            el.focus()
        }
    })
    vm.mount('#app')
</script>
```

运行上述程序，input 输入框就自动获得了焦点，成为可输入状态，效果如图 4-23 所示。

图 4-23　自定义 v-focus 指令的效果

4.5　综合案例——设计商品采购列表

本案例将设计一个商品采购列表，可以实现商品的新增和删除操作。

【例 4.22】(实例文件：ch04\4.22.html)设计商品采购列表。

```html
<div id="Application">
    <!-- 输入框元素，用来新增商品列表 -->
    <form @submit.prevent="addTask">
        <span>新增商品</span>
        <input
        v-model="taskText"
        placeholder="请输入新增商品"
        />
        <button>添加商品</button>
    </form>
    <!-- 商品列表，使用 v-for 来构建 -->
    <ol>
        <li v-for="(item, index) in todos">
            {{item}}
            <button @click="remove(index)">
                删除商品
            </button>
            <hr/>
        </li>
    </ol>
</div>
<script>
    const App = {
        data() {
            return {
                // 采购商品列表数据
                todos:[],
                // 当前输入的商品
                taskText: ""
            }
        },
        methods: {
            // 添加一项待办任务
            addTask() {
                // 判断输入框是否为空
                if (this.taskText.length == 0) {
                    alert("请输入商品名称")
                    return
```

```
        }
        this.todos.push(this.taskText)
        this.taskText = ""
    },
    // 删除一条商品信息
    remove(index) {
        this.todos.splice(index, 1)
    }
    }
}
Vue.createApp(App).mount("#Application")
</script>
```

运行上述程序，效果如图 4-24 所示。

图 4-24　商品采购列表的效果

4.6　疑 难 解 惑

疑问 1：v-if 和 v-show 的区别是什么？

v-if 和 v-show 都可以用于控制元素的显示和隐藏，但它们的实现方式不同。v-if 会根据表达式的值来添加或移除元素，而 v-show 则是通过设置元素的 display 属性来控制元素的显示和隐藏。如果需要频繁地切换元素的显示和隐藏，建议使用 v-show，否则使用 v-if。

疑问 2：如何使用 v-for 遍历一个范围？

在 Vue.js 3.x 中，可以使用 v-for 遍历一个范围。例如：

```
<ul>
 <li v-for="n in 10" :key="n">
  {{ n }}
 </li>
</ul>
```

这里的 *n* 是一个从 1~10 的数字，v-for 会遍历这个范围并显示每个数字。

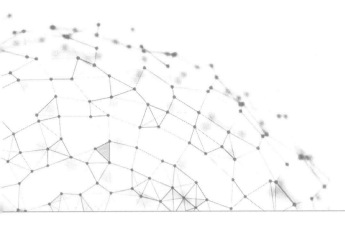

第 5 章

页面元素样式的绑定

在 Vue.js 中，操作元素的 class 列表和内联样式是数据绑定的一个常见需求。因为它们都是属性，所以可以用 v-bind 处理它们：只需要通过表达式计算出字符串结果即可。不过，字符串拼接麻烦且易错。因此，在将 v-bind 用于 class 和 style 时，Vue.js 进行了专门的增强。表达式结果的类型除了字符串之外，还可以是对象或数组。

5.1　绑定 HTML 样式(class)

在 Vue.js 中，动态的样式类在 v-on:class 中定义，静态的类名写在 class 样式中。

5.1.1　数组语法

Vue.js 中提供了使用数组进行绑定样式的方法，可以直接在数组中写上样式的类名。

注意　如果不使用单引号包裹类名，其实代表的还是一个变量的名称，会出现错误信息。

【例 5.1】(实例文件：ch05\5.1.html)class 数组语法。

```
<style>
  .static{
    color: white;              /*定义字体颜色*/
  }
  .style1{
    background: #4f43ff;        /*定义背景颜色*/
  }
  .style2{
    width: 200px;               /*定义宽度*/
    height: 100px;              /*定义高度*/
  }
</style>
<div id="app">
  <div class="static" v-bind:class="['style1','style2']">{{message}}</div>
```

```
</div>
<!--引入 vue 文件-->
<script src="https://unpkg.com/vue@3/dist/vue.global.js"></script>
<script>
    //创建一个应用程序实例
    const vm= Vue.createApp({
        //该函数返回数据对象
        data() {
            return {
                message:"数组语法"
            }
        },
        //在指定的 DOM 元素上装载应用程序实例的根组件
    }).mount('#app');
</script>
```

运行上述程序，按 F12 快捷键打开控制台，可以看到 DOM 渲染的样式，如图 5-1 所示。

图 5-1 数组语法渲染结果

如果就是想以变量的方式绑定样式，就需要先定义好这个变量。以下示例中的样式与例 5.1 样式相同。

```
<div id="app">
    <div class="static" v-bind:class="[Class1,Class2]">{{message}}</div>
</div>
<!--引入 vue 文件-->
<script src="https://unpkg.com/vue@3/dist/vue.global.js"></script>
<script>
    //创建一个应用程序实例
    const vm= Vue.createApp({
        //该函数返回数据对象
        data() {
            return {
                message:'数组语法',
                Class1:'style1',
                Class2:'style2'
            }
        },
        //在指定的 DOM 元素上装载应用程序实例的根组件
    }).mount('#app');
</script>
```

在数组语法中也可以使用对象语法来控制样式是否使用。下面示例中的样式与例 5.1 样式相同。

```
<div id="app">
    <div class="static" v-bind:class="[{style1:boole}, 'style2']">{{message}}</div>
</div>
<!--引入 vue 文件-->
<script src="https://unpkg.com/vue@3/dist/vue.global.js"></script>
<script>
    //创建一个应用程序实例
    const vm= Vue.createApp({
        //该函数返回数据对象
        data() {
            return {
                message:"数组语法",
                boole:true
            }
        },
        //在指定的 DOM 元素上装载应用程序实例的根组件
    }).mount('#app');
</script>
```

运行上述代码，渲染的结果和例 5.1 相同。

5.1.2　对象语法

在 5.1.1 节的最后，数组中使用了对象的形式来设置样式，在 Vue.js 中也可以直接使用对象的形式来设置样式。对象的属性为样式的类名，value 则为 true 或者 false，当值为 true 时，显示样式。由于对象的属性可以带引号，也可以不带引号，所以属性按照自己的习惯写法就可以了。

【例 5.2】(实例文件：ch05\5.2.html)class 对象语法。

```
<style>
    .static{
        color: white;              /*定义字体颜色*/
    }
    .style1{
        background: #4f43ff;       /*定义背景颜色*/
    }
    .style2{
        width: 200px;              /*定义宽度*/
        height: 100px;             /*定义高度*/
    }
</style>
<div id="app">
    <div class="static" v-bind:class="{ style1: boole1, 'style2': boole2}">
        {{message}}</div>
</div>
<!--引入 vue 文件-->
<script src="https://unpkg.com/vue@3/dist/vue.global.js"></script>
<script>
    //创建一个应用程序实例
    const vm= Vue.createApp({
        //该函数返回数据对象
        data() {
            return {
                boole1: true,
                boole2: true,
```

63

```
                        message:"对象语法"
                }
        },
        //在指定的 DOM 元素上装载应用程序实例的根组件
    }).mount('#app');
</script>
```

运行上述程序，按 F12 快捷键打开控制台，可以看到 DOM 渲染的样式，如图 5-2 所示。

图 5-2   class 对象语法

当 style1 或 style2 变化时，class 列表将相应地更新。例如，如果 style2 的值变更为 false：

```
<script>
    //创建一个应用程序实例
    const vm= Vue.createApp({
        //该函数返回数据对象
        data() {
            return {
                boole1: true,
                boole2: false,
                message:"对象语法"
            }
        },
        //在指定的 DOM 元素上装载应用程序实例的根组件
    }).mount('#app');
</script>
```

运行上述程序，按 F12 快捷键打开控制台，可以看到 DOM 渲染的样式，如图 5-3 所示。

图 5-3   渲染结果

当对象中的属性过多时，如果还是全部写到元素上，就会显得特别烦琐。这时可以在元素上只写上对象变量，在 Vue.js 实例中进行定义。下面示例中样式和例 5.2 样式相同。

```
<div id="app">
    <div class="static" v-bind:class="objStyle">{{message}}</div>
</div>
<!--引入 vue 文件-->
<script src="https://unpkg.com/vue@3/dist/vue.global.js"></script>
<script>
    //创建一个应用程序实例
    const vm= Vue.createApp({
        //该函数返回数据对象
        data() {
            return {
                message:"对象语法",
                objStyle:{
                    style1: true,
                    style2: true
                }
            }
        }
        //在指定的 DOM 元素上装载应用程序实例的根组件
    }).mount('#app');
</script>
```

运行上述代码，渲染的结果和例 5.2 相同。

也可以绑定一个返回对象的计算属性，这是一个常用且强大的模式。下面示例中样式和上面样式相同。

```
<div id="app">
    <div class="static" v-bind:class="classObject">{{message}}</div>
</div>
<!--引入 vue 文件-->
<script src="https://unpkg.com/vue@3/dist/vue.global.js"></script>
<script>
    //创建一个应用程序实例
    const vm= Vue.createApp({
        //该函数返回数据对象
        data() {
            return {
                message:'对象语法',
                boole1: true,
                boole2: true
            }
        },
        computed: {
            classObject: function () {
                return {
                    style1:this.boole1,
                    'style2':this.boole2
                }
            }
        }
        //在指定的 DOM 元素上装载应用程序实例的根组件
    }).mount('#app');
</script>
```

运行上述程序，渲染的结果和上面示例相同。

5.1.3　用在组件上

当在一个自定义组件上使用 class 属性时，这些类将被添加到该组件的根元素上面。这个元素上已经存在的类不会被覆盖。

例如，声明组件 my-component：

```
Vue.component('my-component', {
  template: '<p class="style1 style2">Hello</p>'
})
```

然后在使用它的时候添加一些 class 样式 style3 和 style4：

```
<my-component class=" style3 style4"></my-component>
```

HTML 将被渲染为：

```
<p class=" style1 style2 style3 style4">Hello</p>
```

对于带数据绑定的 class 也同样适用：

```
<my-component v-bind:class="{ style5: isActive }"></my-component>
```

当 isActive 为 truthy 时，HTML 将被渲染成为：

```
<p class=" style1 style2 style5">Hello</p>
```

5.2　绑定内联样式(style)

内联样式是将 CSS 样式编写到元素的 style 属性中。

5.2.1　对象语法

与使用属性为元素设置 class 样式相同，在 Vue.js 中，也可以使用对象的方式为元素设置 style 样式。

v-bind:style 的对象语法十分直观——看着非常像 CSS，但其实是一个 JavaScript 对象。CSS 属性名可以用驼峰式(CamelCase)或短横线分隔(kebab-case，记得用引号包裹起来)来命名。

【例 5.3】(实例文件：ch05\5.3.html)style 对象语法示例。

```
<div id="app">
    <div v-bind:style="{color:'red',fontSize:'30'}">对象语法</div>
</div>
<!--引入 vue 文件-->
<script src="https://unpkg.com/vue@3/dist/vue.global.js"></script>
<script>
    //创建一个应用程序实例
    const vm= Vue.createApp({
    //在指定的 DOM 元素上装载应用程序实例的根组件
    }).mount('#app');
</script>
```

运行上述程序，按 F12 快捷键打开控制台，渲染结果如图 5-4 所示。

图 5-4　style 对象语法示例

也可以在 Vue.js 实例对象中定义属性，用来代替样式值，例如下面代码：

```
<div id="app">
    <div v-bind:style="{ color: styleColor, fontSize: fontSize + 'px' }">
        对象语法</div>
</div>
<!--引入 vue 文件-->
<script src="https://unpkg.com/vue@3/dist/vue.global.js"></script>
<script>
    //创建一个应用程序实例
    const vm= Vue.createApp({
        //该函数返回数据对象
        data() {
            return {
                styleColor: 'red',
                fontSize: 30
            }
        },
    //在指定的 DOM 元素上装载应用程序实例的根组件
    }).mount('#app');
</script>
```

运行上述代码，效果和例 5.3 相同。

同样地，可以直接绑定一个样式对象变量，这样代码看起来也会更加简洁、美观。

```
<div id="app">
    <div v-bind:style="styleObject">对象语法</div>
</div>
<!--引入 vue 文件-->
<script src="https://unpkg.com/vue@3/dist/vue.global.js"></script>
<script>
    //创建一个应用程序实例
    const vm= Vue.createApp({
        //该函数返回数据对象
        data() {
            return {
                styleObject: {
                    color: 'blue',
                    fontSize: '30px'
                }
            }
        },
    //在指定的 DOM 元素上装载应用程序实例的根组件
    }).mount('#app');
</script>
```

运行上述程序，按 F12 快捷键打开控制台，渲染结果如图 5-5 所示。

图 5-5　渲染结果

同样地，对象语法常常结合返回对象的计算属性使用。

```
<div id="app">
    <div v-bind:style="styleObject">对象语法</div>
</div>
<!--引入 vue 文件-->
<script src="https://unpkg.com/vue@3/dist/vue.global.js"></script>
<script>
    //创建一个应用程序实例
    const vm= Vue.createApp({
        //计算属性
        computed:{
            styleObject:function(){
                return {
                    color: 'blue',
                    fontSize: '30px'
                }
            }
        }
    //在指定的 DOM 元素上装载应用程序实例的根组件
    }).mount('#app');
</script>
```

运行上述程序，渲染的结果和上面的示例相同。

5.2.2　数组语法

v-bind:style 的数组语法可以将多个样式对象应用到同一个元素上，样式对象可以是
data 中定义的对象和计算属性中 return 的对象。

【例 5.4】(实例文件：ch05\5.4.html)style 数组语法示例。

```
<div id="app">
    <div v-bind:style="[styleObject1,styleObject2]">数组语法</div>
</div>
<!--引入 vue 文件-->
<script src="https://unpkg.com/vue@3/dist/vue.global.js"></script>
<script>
    //创建一个应用程序实例
    const vm= Vue.createApp({
        //该函数返回数据对象
        data() {
            return {
                styleObject1: {
                    color: 'blue',
                    fontSize: '30px'
                }
```

```
        }
      },
      //计算属性
      computed:{
        styleObject2:function(){
          return {
            border: '1px solid red',
            padding: '30px'
          }
        }
      }
    }
    //在指定的 DOM 元素上装载应用程序实例的根组件
    }).mount('#app');
</script>
```

运行上述程序，按 F12 快捷键打开控制台，渲染结果如图 5-6 所示。

图 5-6　style 数组语法渲染结果

提示

　　当 v-bind:style 使用需要添加浏览器引擎前缀的 CSS 属性时，例如 transform，Vue.js 会自动侦测并添加相应的前缀。

5.3　综合案例——设计网上商城购物车效果

该案例主要是设计网上商城购物车效果。用户可以修改商品的数量，购物车将自动计算商品的重量和价格。

【例 5.5】(实例文件：ch05\5.5.html)设计商城购物车效果。

```
<!DOCTYPE html>
<html>
<head>
<meta charset="UTF-8">
<meta name="viewport" content="width=device-width, initial-scale=1.0">
<style>
  body {
    margin: 0px;
    padding: 0px;
  }
  #app {
```

```css
        width: 100%;
        max-width: 750px;
        margin: 0 auto;
overflow: hidden;
}
.top {
        width: 100%;
        max-width: 750px;
        height: 50px;
        background: #55aaff;
        color: white;
        display: flex;
        align-items: center;
        justify-content: center;
}
img {
        width: 100px;
}
table tr td {
        border-bottom: 1px solid #dbdbdb;
        text-align: center;
}
.t1 {
        width: 30px;
        text-align: center;
}
.footer {
        width: 100%;
        max-width: 750px;
        height: 50px;
        background: #0094ff;
        color: white;
        position: fixed;
        bottom: 0;
        line-height: 50px;
}
.footer i {
        font-style: normal;
        padding-left: 50px;
}
</style>
</head>
<body>
    <div id="app" v-cloak>
        <div class="top">网上商城购物车</div>
        <table width="100%" cellpadding="5" cellspacing="0">
            <tr v-for="(item,i) in cartList" :key="i">
                <td v-if="item.check"><input type="checkbox" checked @click=
                    "checkBtn(i)" /></td>
                <td v-else><input type="checkbox" @click="checkBtn(i)" /></td>
                <td><img :src="item.imgUrl" /></td>
                <td>名称:{{item.title}}<br />价格:{{item.price}}元/公斤</td>
                <td><button @click="btnSub(i)">-</button><input type="text"
                    class="t1" :value="item.num" /><button
                    @click="btnAdd(i)">+</button></td>
            </tr>
        </table>
        <div class="footer"><em v-if="allCheck == cartList.length">
            <input type="checkbox" checked
                    @click="allBtn" />全选</em><em v-else><input type="checkbox"
                    @click="allBtn" />全选</em><i>总数量:{{allNum}}公斤</i><i>
```

```
                        总价格:{{allPrice}}元</i></div>
    </div>
<script src="https://unpkg.com/vue@3/dist/vue.global.js"></script>
<script>
const vm= Vue.createApp({
    //该函数返回数据对象
    data() {
        return {
            //记录选中的总条数
            allCheck: 0,
            // 获取产品总价格
            allPrice: 0,
            //选中的总数量
            allNum: 0,
            msg: 'Hello World',
            cartList: [{
              id: 1,
              imgUrl: "images/1.jpg",
              title: '苹果',
              price: 6,
              num: 1,
              check: false
            },
            {
              id: 2,
              imgUrl: "images/2.jpg",
              title: '西瓜',
              price: 2,
              num: 1,
              check: false
            },
            {
              id: 3,
              imgUrl: "images/3.jpg",
              title: '葡萄',
              price: 8,
              num: 1,
              check: false
            },
            ]
        }
    },
    methods: {
        // 数量加减功能
        btnSub(i) {
          if (this.cartList[i].num < 1) {
            return
          }
          this.cartList[i].num -= 1;
          this.getAllPrice();
          this.getAllNum();
        },
        btnAdd(i) {
          if (this.cartList[i].num == 5) {
            return
          }
          this.cartList[i].num += 1;
          this.getAllPrice();
          this.getAllNum();
        },
```

```
                    // 底部全选功能
                    allBtn(e) {
                      console.log(e.target);
                      // 打印出: <input type="checkbox"/>
                      console.log(e.target.checked);
                      // 打印出: true
                      if(e.target.checked){for(var i=0; i<this.cartList.length; i++)
                      {
                        this.cartList[i].check = true;
                      }
                    } else {
                      for (var i = 0; i < this.cartList.length; i++) {
                        this.cartList[i].check = false;
                      }
                    }
                    this.getAllPrice();this.getAllNum();
                  },
                  // 判断是否全选
                  getAllCheck(){var num = 0;for(var i=0; i<this.cartList.length; i++)
                  {
                    if (this.cartList[i].check) {
                      num++;
                    }
                  }
                  this.allCheck = num;
                },
          //0.获取产品总价格
          getAllPrice() {
              var num = 0;
              for (var i = 0; i < this.cartList.length; i++) {
                if (this.cartList[i].check) {
                  num += parseInt(this.cartList[i].num) * parseInt(this.
                    cartList[i].price);
                }
              }
              this.allPrice = num;
          },
          //1.获取选中总数量
          getAllNum() {
              var num = 0;
              for (var i = 0; i < this.cartList.length; i++) {
                if (this.cartList[i].check) {
                  num += parseInt(this.cartList[i].num);
                }
              }
              this.allNum = num;
          },
          //2.修改产品的选中状态
          checkBtn(i) {
              console.log(this.cartList[i]);
              this.cartList[i].check = !this.cartList[i].check;
              // 获取总数量
              this.getAllNum();
              // 获取总价格
              this.getAllPrice();
              // 获取选中个数
              this.getAllCheck();
          },
        }
})).mount('#app');
```

```
    </script>
  </body>
</html>
```

在 Chrome 浏览器中运行程序，效果如图 5-7 所示。

图 5-7　网上商城购物车效果

5.4　疑难解惑

疑问 1：如果想根据条件切换列表中的 class，如何实现？

可以使用三元表达式。例如：

```
<style>
    .color1{
        color: white;
    }
    .color2{
        background: blue;
    }
</style>
<div id="app">
    <div v-bind:class="[isActive ? activeClass : '', errorClass]">Hello
        Vue.js</div>
</div>
<!--引入 vue 文件-->
<script src="https://unpkg.com/vue@3/dist/vue.global.js"></script>
<script>
    //创建一个应用程序实例
    const vm= Vue.createApp({
        //该函数返回数据对象
        data() {
            return {
                isActive:true,
                activeClass:'color1',
                errorClass:'color2'
            }
        },
    //在指定的 DOM 元素上装载应用程序实例的根组件
    }).mount('#app');
</script>
```

上面这种写法，将始终添加 errorClass，只有在 isActive 是 truthy 时才添加 activeClass。

不过，当有多个条件 class 时，这样写有些烦琐，所以在数组语法中也可以使用对象语法：

```
<div v-bind:class="[{ active: isActive }, errorClass]"></div>
```

关于数组语法中也可以使用对象语法的问题，请参考"5.1.1 数组语法"中的示例。

疑问 2：绑定内联样式中的多重值是什么？

在 Vue.js 3.x 中，可以为 style 绑定的属性提供一个包含多个值的数组，常用于提供多个带前缀的值，例如：

```
<div :style="{ display: ['-webkit-box', '-ms-flexbox', 'flex'] }"></div>
```

这样写只会渲染数组中最后一个被浏览器支持的值。如果浏览器支持不带浏览器前缀的 flexbox，那么就只会渲染 display: flex。

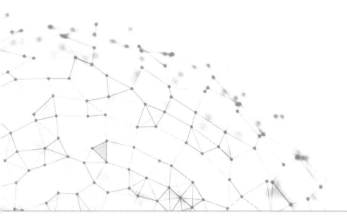

第6章

事 件 处 理

在第 4 章中，简单介绍了 v-on 的基本用法。本章将详细地介绍 Vue 实现绑定事件的方法，使用 v-on 指令监听 DOM 事件来触发一些 JavaScript 代码。

6.1 监 听 事 件

事件其实就是在程序运行当中，可以调用方法，去改变对应的内容。下面先来看一个简单的示例。

```html
<div id="app">
    <p>张三丰的年龄:{{ age }}岁</p>
</div>
<!--引入 vue 文件-->
<script src="https://unpkg.com/vue@3/dist/vue.global.js"></script>
<script>
    //创建一个应用程序实例
    const vm= Vue.createApp({
        //该函数返回数据对象
        data() {
            return {
                age:"16"
            }
        },
    //在指定的 DOM 元素上装载应用程序实例的根组件
    }).mount('#app');
</script>
```

运行的结果为"张三丰的年龄:16 岁"。

在上面的示例中，如果想要改变张三丰的年龄，就可以通过事件来完成。

在 JavaScript 中可以使用的事件，在 Vue.js 中也都可以使用。使用事件时，需要 v-on 指令监听 DOM 事件。

我们在上面的示例中添加两个按钮，当单击按钮时增加或减少张三丰的年龄。

【例 6.1】(实例文件：ch06\6.1.html)添加单击事件。

```html
<div id="app">
```

```
   <button v-on:click="age--">减少 1 岁</button>
   <button v-on:click="age++">增加 1 岁</button>
   <p>张三丰的年龄:{{ age }}岁</p>
</div>
<!--引入 vue 文件-->
<script src="https://unpkg.com/vue@3/dist/vue.global.js"></script>
<script>
   //创建一个应用程序实例
   const vm= Vue.createApp({
       //该函数返回数据对象
       data() {
           return {
               age:"16"
           }
       },
   //在指定的 DOM 元素上装载应用程序实例的根组件
   }).mount('#app');
</script>
```

运行上述程序，不断单击"增加 1 岁"按钮，张三丰的年龄不断增长，如图 6-1 所示。

图 6-1　添加单击事件

为什么在 HTML 中监听事件呢？这种事件监听的方式违背了关注点分离这个长期以来的优良传统。但不必担心，因为所有的 Vue.js 事件处理方法和表达式都严格绑定在当前视图的 ViewModel 上，它不会增加任何维护上的困难。实际上，使用 v-on 有以下 3 个优点。

(1) 扫一眼 HTML 模板，便能轻松地定位在 JavaScript 代码里对应的方法。

(2) 因为无须在 JavaScript 中手动绑定事件，ViewModel 代码可以是非常纯粹的逻辑，和 DOM 完全解耦，更易于测试。

(3) 当一个 ViewModel 被销毁时，所有的事件处理器都会自动被删除，无须担心如何清理它们。

6.2　事件处理方法

在上一节介绍的示例中，我们直接操作属性，但在实际项目开发中，是不可能直接对属性进行操作的。例如，在例 6.1 中，如果想要单击一次按钮，使张三丰的年龄增加或减少 10 岁呢？

许多事件处理逻辑会更为复杂，所以直接把 JavaScript 代码写在 v-on 指令中是不可行的。在 Vue 中，v-on 还可以接受一个需要调用的方法名称，我们可以在方法中来完成复杂的逻辑。

下面我们在方法中来实现单击按钮增加或减少 10 岁的操作。

【例 6.2】(实例文件：ch06\6.2.html)事件处理方法。

```
<div id="app">
    <button v-on:click="reduce">减少 10 岁</button>
    <button v-on:click="add">增加 10 岁</button>
    <p>张三丰的年龄:{{ age }}岁</p>
</div>
<!--引入 vue 文件-->
<script src="https://unpkg.com/vue@3/dist/vue.global.js"></script>
<script>
    //创建一个应用程序实例
    const vm= Vue.createApp({
        //该函数返回数据对象
        data() {
            return {
                age:16
            }
        },
        methods:{
            add:function(){
                this.age+=10
            },
            reduce:function(){
                this.age-=10
            }
        }
    //在指定的 DOM 元素上装载应用程序实例的根组件
    }).mount('#app');
</script>
```

运行上述程序，单击"减少 10 岁"按钮，张三丰的年龄减少 10 岁，如图 6-2 所示。

图 6-2　事件处理方法

提示

　　如果网站中存在 jQuery 库，但又不希望 Bootstrap 加载 jQuery 库，那么应该如何设定呢？用户可以在<body>标签里添加属性 data-bs-no-jquery 来实现。

```
<button @click="reduce">减少 10 岁</button>
<button @click="add">增加 10 岁</button>
```

v-on:和@的作用是一样的，可以根据自己的喜好进行选择。

这样就把逻辑代码写到了方法中。相对于上面的示例，还可以通过传入参数来实现增加或减少 10 岁的操作，在调用方法时，传入想要增加或减少的数量，在 Vue 中定义一个 change 参数来接收。

【例 6.3】(实例文件：ch06\6.3.html)事件处理方法的参数。

```
<div id="app">
    <button v-on:click="reduce(10)">减少 10 岁</button>
    <button v-on:click="add(10)">增加 10 岁</button>
    <p>张三丰的年龄:{{ age }}岁</p>
</div>
<!--引入 vue 文件-->
<script src="https://unpkg.com/vue@3/dist/vue.global.js"></script>
<script>
    //创建一个应用程序实例
    const vm= Vue.createApp({
        //该函数返回数据对象
        data() {
            return {
                age:16
            }
        },
        methods:{
            //在方法中定义一个参数 change，接受 HTML 中传入的参数
            add:function(change){
                this.age+=change
            },
            reduce:function(change){
                this.age-=change
            }
        }
    //在指定的 DOM 元素上装载应用程序实例的根组件
    }).mount('#app');
</script>
```

运行上述程序，单击"增加 10 岁"按钮，张三丰的年龄增加 10 岁，如图 6-3 所示。

图 6-3　事件处理方法的参数

对于定义的方法，多个事件都可以调用。例如，在上面的示例中，再添加两个按钮，分别增加双击事件，并调用 add()方法和 reduce()方法。单击事件传入参数 1，双击事件传入参数 10，在 Vue 中使用 change 进行接收。

【例 6.4】(实例文件：ch06\6.4.html)多个事件调用方法。

```
<div id="app">
    <div>单击:
        <button v-on:click="reduce(1)">减少 1 岁</button>
        <button v-on:click="add(1)">增加 1 岁</button>
    </div>
    <p>张三丰的年龄:{{ age }}岁</p>
    <div>双击:
        <button v-on:dblclick="reduce(10)">减少 10 岁</button>
        <button v-on:dblclick="add(10)">增加 10 岁</button>
    </div>
```

```
</div>
<!--引入 vue 文件-->
<script src="https://unpkg.com/vue@3/dist/vue.global.js"></script>
<script>
    //创建一个应用程序实例
    const vm= Vue.createApp({
        //该函数返回数据对象
        data() {
            return {
                age:16
            }
        },
        methods:{
            add:function(change){
                this.age+=change
            },
            reduce:function(change){
                this.age-=change
            }
        }
        //在指定的 DOM 元素上装载应用程序实例的根组件
    }).mount('#app');
</script>
```

运行上述程序，单击或者双击按钮，张三丰的年龄随之改变，效果如图 6-4 所示。

图6-4 多个事件调用方法

除了上述的单击和双击事件，再来介绍一个 mousemove 事件，当鼠标在元素内部移动时会不断触发该事件，可以通过该事件获取鼠标在元素上的位置。下面通过一个示例进行介绍。

在示例中首先定义一个 area 元素，并设置简单的样式，然后使用 v-on:绑定 mousemove 事件。在 Vue 中定义 position 方法，通过 event 事件对象获取鼠标的位置，并赋值给 x 和 y，最后在页面中渲染 x 和 y。

提示

event 对象代表事件的状态，例如事件中元素的状态、键盘按键的状态、鼠标的位置、鼠标按钮的状态等。当一个事件发生的时候，和当前这个对象发生的这个事件有关的一些详细信息都会被临时保存到一个指定的地方——event对象，供我们在需要的时候调用。这个对象是在执行事件时，浏览器通过函数传递过来的。

【例 6.5】(实例文件：ch06\6.5.html)mousemove 事件。

```
<style>
    .area{
        width: 400px;                /*定义宽度*/
        height: 200px;               /*定义高度*/
        border:1px solid black;      /*定义边框*/
        text-align:center;           /*水平居中*/
        line-height:200px;           /*定义行高*/
        font-size: 20px;             /*定义字体大小*/
    }
</style>
<div id="app">
    <div class="area" @mousemove="position">
        {{x}},{{y}}
    </div>
</div>
<!--引入 vue 文件-->
<script src="https://unpkg.com/vue@3/dist/vue.global.js"></script>
<script>
    //创建一个应用程序实例
    const vm= Vue.createApp({
        //该函数返回数据对象
        data() {
            return {
                x:0,
                y:0
            }
        },
        methods:{
            position:function(event){
                console.log(event)
                // 获取鼠标的坐标点
                this.x=event.offsetX;
                this.y=event.offsetY;
            }
        }
    //在指定的 DOM 元素上装载应用程序实例的根组件
    }).mount('#app');
</script>
```

运行上述程序，在方框中移动鼠标，将显示鼠标的相对位置，如图 6-5 所示。

图 6-5　mousemove 事件作用效果

注意

在 Vue.js 事件中，可以使用事件名称 add 或 reduce 进行调用，也可以使用事件名加上 "()" 的形式，如 add()、reduce()。但是在具有参数时需要使用 add()、reduce() 的形式。在 {{{}}} 中调用方法时，必须使用 add()、reduce() 的形式。

6.3　事件修饰符

对事件添加一些通用的限制，例如，阻止事件冒泡，Vue 对这种事件的限制提供了特定的写法，称之为修饰符，其语法如下：

```
v-on:事件.修饰符
```

在事件处理程序中，调用 event.preventDefault()(阻止事件默认行为)或 event.stopPropagation() (阻止事件冒泡)是常见的需求。尽管可以在方法中轻松地实现这一点，但更好的方式是使用纯粹的数据逻辑，而不是去处理 DOM 事件细节。

在 Vue 中，事件修饰符处理了许多 DOM 事件的细节，让我们不再花费大量的时间去处理这些烦琐的事情，而将更多的精力专注于程序的逻辑处理。在 Vue 中事件修饰符主要有以下几个。

- stop：等同于 JavaScript 中的 event.stopPropagation()，阻止事件冒泡。
- capture：与事件冒泡的方向相反，事件捕获由外到内。
- self：只会触发自己范围内的事件。
- once：只会触发一次。
- prevent：等同于 JavaScript 中的 event.preventDefault()，阻止默认事件的发生。
- passive：执行默认行为。

下面分别来介绍每个修饰符的用法。

6.3.1　stop

stop 修饰符用来阻止事件冒泡。在下面的示例中，创建了一个 div 元素，在其内部也创建了一个 div 元素，并分别为它们添加单击事件。根据事件的冒泡机制可以得知，当单击内部的 div 元素之后，会扩散到父元素 div，从而触发父元素的单击事件。

【例 6.6】(实例文件：ch06\6.6.html)冒泡事件。

```
<style>
    .outside{
        width: 200px;                        /*定义宽度*/
        height: 200px;                       /*定义高度*/
        border: 1px solid red;               /*定义边框*/
        text-align: center;                  /*文本水平居中*/
    }
    .inside{
        width: 100px;                        /*定义宽度*/
        height: 100px;                       /*定义高度*/
        border:1px solid black;              /*定义边框*/
```

```
        margin: 25%;                         /*定义外边距*/
    }
</style>
<body>
<div id="app">
    <div class="outside" @click="outside">
        <div class="inside" @click ="inside">冒泡事件</div>
    </div>
</div>
<!--引入 vue 文件-->
<script src="https://unpkg.com/vue@3/dist/vue.global.js"></script>
<script>
    //创建一个应用程序实例
    const vm= Vue.createApp({
        methods: {
            outside: function () {
                alert("外面的 div")
            },
            inside: function () {
                alert("内部的 div")
            }
        }
        //在指定的 DOM 元素上装载应用程序实例的根组件
    }).mount('#app');
</script>
```

运行上述程序，单击内部 inside 元素，触发自身事件，效果如图 6-6 所示；根据事件的冒泡机制，也会触发外部的 outside 元素，效果如图 6-7 所示。

图 6-6　触发内部元素事件

图 6-7　触发外部元素事件

如果不希望出现事件冒泡，则可以使用 Vue 内置的修饰符 stop 便捷地阻止事件冒泡的产生。因为是单击内部 div 元素后产生的事件冒泡，所以只需要在内部 div 元素的单击事件上加上 stop 修饰符即可。

【例 6.7】(实例文件：ch06\6.7.html)stop 修饰符示例。

更改例 6.6 中 HTML 对应的代码：

```
<div id="app">
    <div class="outside" @click="outside">
        <div class="inside" @click.stop="inside">阻止事件冒泡</div>
    </div>
</div>
```

运行上述程序，单击内部 inside 元素后，将不再触发父元素单击事件，如图 6-8 所示。

图 6-8　只触发内部元素事件

6.3.2　capture

事件捕获模式与事件冒泡模式是一对相反的事件处理流程，当想要将页面元素的事件流改为事件捕获模式时，只需要在父级元素的事件上使用 capture 修饰符即可。若有多个该修饰符，则由外而内触发。

在下面的示例中，创建了 3 个 div 元素，把它们分别嵌套，并添加单击事件。为外层的两个 div 元素添加 capture 修饰符。当单击内部的 div 元素时，将从外部向内触发含有 capture 修饰符的 div 元素的事件。

【例 6.8】(实例文件：ch06\6.8.html)capture 修饰符示例。

```
<style>
  .outside{
     width: 300px;                    /*定义宽度*/
     height: 300px;                   /*定义高度*/
     color:white;                     /*定义字体颜色*/
     font-size: 30px;
     background: red;                 /*定义背景色*/
  }
  .center{
     width: 200px;                    /*定义宽度*/
     height: 200px;                   /*定义高度*/
     background: #17a2b8;             /*定义背景色*/
  }
  .inside{
     width: 100px;                    /*定义宽度*/
     height: 100px;                   /*定义高度*/
     background: #a9b4ba;             /*定义背景色*/
  }
</style>
<div id="app">
   <div class="outside" @click.capture="outside">
     <div class="center" @click.capture="center">
        <div class="inside" @click="inside">内部</div>
        中间
     </div>
```

```
        外层
    </div>
</div>
<!--引入 vue 文件-->
<script src="https://unpkg.com/vue@3/dist/vue.global.js"></script>
<script>
    //创建一个应用程序实例
    const vm= Vue.createApp({
        methods: {
            outside: function () {
                alert("外面的 div")
            },
            center: function () {
                alert("中间的 div")
            },
            inside: function () {
                alert("内部的 div")
            }
        }
    //在指定的 DOM 元素上装载应用程序实例的根组件
    }).mount('#app');
</script>
```

运行上述程序，单击内部的 div 元素，会先触发添加了 capture 修饰符的外层 div 元素，如图 6-9 所示；然后触发中间 div 元素，如图 6-10 所示；最后触发单击的内部元素，如图 6-11 所示。

图 6-9　触发外层 div 元素事件

图 6-10　触发中间 div 元素事件

图 6-11　触发内部 div 元素事件

6.3.3　self

self 修饰符可以理解为跳过冒泡事件和捕获事件，只有直接作用在该元素上的事件才可以执行。self 修饰符会监视事件是否直接作用在元素上，若不是，则冒泡跳过该元素。

【例 6.9】(实例文件：ch06\6.9.html)self 修饰符示例。

```
<style>
    .outside{
        width: 300px;                      /*定义宽度*/
        height: 300px;                     /*定义高度*/
        color:white;                       /*定义字体颜色*/
        font-size: 30px;
        background: red;                   /*定义背景色*/
    }
    .center{
        width: 200px;                      /*定义宽度*/
        height: 200px;                     /*定义高度*/
        background: #17a2b8;               /*定义背景色*/
    }
    .inside{
        width: 100px;                      /*定义宽度*/
        height: 100px;                     /*定义高度*/
        background: #a9b4ba;               /*定义背景色*/
    }
</style>
<div id="app">
    <div class="outside" @click="outside">
        <div class="center" @click.self="center">
            <div class="inside" @click="inside">内部</div>
            中间
        </div>
        外层
    </div>
</div>
<!--引入 vue 文件-->
<script src="https://unpkg.com/vue@3/dist/vue.global.js"></script>
<script>
    //创建一个应用程序实例
    const vm= Vue.createApp({
        methods: {
            outside: function () {
                alert("外面的 div")
            },
            center: function () {
                alert("中间的 div")
            },
            inside: function () {
                alert("内部的 div")
            }
        }
    //在指定的 DOM 元素上装载应用程序实例的根组件
    }).mount('#app');
</script>
```

运行上述程序，单击内部的 div 后，触发该元素的单击事件，效果如图 6-12 所示；由于中间 div 添加了 self 修饰符，并且直接单击该元素，所以会跳过；内部 div 执行完毕，外层的 div 紧接着执行，效果如图 6-13 所示。

图 6-12　触发内部 div 元素事件　　　　图 6-13　触发外层 div 元素事件

6.3.4　once

有时候，会需要只执行一次的操作。例如，微信朋友圈点赞，这时便可以使用 once 修饰符来完成。

提示

不像其他只能对原生的 DOM 事件起作用的修饰符，once 修饰符还能被用到自定义的组件事件上。

【例 6.10】(实例文件：ch06\6.10.html)once 修饰符示例。

```html
<div id="app">
    <button @click.once="add">点赞 {{ num }}</button>
</div>
<!--引入 vue 文件-->
<script src="https://unpkg.com/vue@3/dist/vue.global.js"></script>
<script>
    //创建一个应用程序实例
    const vm= Vue.createApp({
        //该函数返回数据对象
        data() {
            return {
                num:0
            }
        },
        methods:{
            add:function(){
                this.num+=1
            },
        }
    //在指定的 DOM 元素上装载应用程序实例的根组件
    }).mount('#app');
</script>
```

运行上述程序，单击"点赞 0"按钮，num 值从 0 变成 1，之后，不管再单击多少次，num 的值仍然是 1，效果如图 6-14 所示。

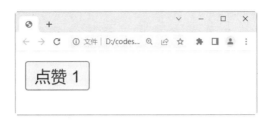

图 6-14 once 修饰符作用效果

6.3.5 prevent

prevent 修饰符用于阻止默认行为，例如<a>标签，当单击该标签时，默认行为会跳转到对应的链接，如果添加了 prevent 修饰符将不会跳转到对应的链接。

提示

passive 修饰符尤其能够提升移动端的性能。

注意

不要把 passive 修饰符和 prevent 修饰符一起使用，因为 prevent 修饰符将会被忽略，同时浏览器可能会展示一个警告。passive 修饰符会告诉浏览器不想阻止事件的默认行为。

【例 6.11】(实例文件：ch06\6.11.html)prevent 修饰符示例。

```
<div id="app">
    <a @click.prevent="alert()" href="https://cn.vuejs.org" >Vue.js 官网</a>
</div>
<!--引入 vue 文件-->
<script src="https://unpkg.com/vue@3/dist/vue.global.js"></script>
<script>
    //创建一个应用程序实例
    const vm= Vue.createApp({
        methods:{
            alert:function(){
                alert("阻止<a>标签的链接")
            }
        }
    //在指定的 DOM 元素上装载应用程序实例的根组件
    }).mount('#app');
</script>
```

运行上述程序，单击"Vue.js 官网"链接，触发 alert()事件，弹出"阻止<a>标签的链接"提示，效果如图 6-15 所示；然后单击"确定"按钮，发现页面将不会跳转。

图 6-15   prevent 修饰符示例

6.3.6   passive

明明默认执行的行为，为什么还要使用 passive 修饰符呢？原因是浏览器只有等内核线程执行到事件监听器对应的 JavaScript 代码时，才能知道内部是否会调用 preventDefault()函数，来阻止事件的默认行为，所以浏览器本身是没有办法对这种场景进行优化的。这种场景下，用户的手势事件无法快速产生，会导致页面无法快速执行滑动逻辑，从而让用户感觉到页面卡顿。

通俗地说，就是每次事件产生时，浏览器都会去查询一下是否有 preventDefault 阻止该次事件的默认动作。再者 passive 修饰符的目的是告诉浏览器不用查询了，不用 preventDefault 阻止默认行为。

passive 修饰符一般用在滚动监听、@scoll 和@touchmove 中。因为滚动监听过程中，移动每个像素都会产生一次事件，每次都使用内核线程查询 prevent 会使滑动卡顿。通过passive 修饰符将内核线程查询跳过，可以大大提升滑动的流畅度。

注意

使用修饰符时，顺序很重要。相应的代码会以同样的顺序产生。因此，用 v-on:click.prevent.self 会阻止所有的单击，而 v-on:click.self.prevent 只会阻止对元素自身的单击。

6.4   按键修饰符

在 Vue 中可以使用以下 3 种键盘事件。

● keydown：键盘按键按下时触发。
● keyup：键盘按键抬起时触发。
● keypress：键盘按键按下和抬起间隔期间触发。

在日常的页面交互中，经常会遇到这种需求。例如，用户输入账号、密码后按 Enter键，以及一个多选筛选条件，通过单击多选框后自动加载符合选中条件的数据。在传统的前端开发中，当碰到这种类似的需求时，往往需要知道 JavaScript 中需要监听的按键所对应的 keyCode，然后通过判断 keyCode 得知用户是按下了哪个按键，进而执行后续的操作。

keyCode 返回 keypress 事件触发的键值的字符代码或 keydown、keyup 事件的键的代码。

下面来看一个示例，当触发键盘事件时，调用一个方法。在示例中，为两个 input 输入框绑定 keyup 事件，用键盘在输入框中输入内容时触发，每次输入内容都会触发并调用 name 或 password 方法。

【例 6.12】(实例文件：ch06\6.12.html)触发键盘事件。

```html
<div id="app">
    <label for="name">姓名: </label>
    <input v-on:keyup="name" type="text" id="name">
    <label for="pass">密码: </label>
    <input v-on:keyup="password" type="password" id="pass">
</div>
<!--引入 vue 文件-->
<script src="https://unpkg.com/vue@3/dist/vue.global.js"></script>
<script>
    //创建一个应用程序实例
    const vm= Vue.createApp({
        methods: {
            name:function(){
                console.log("正在输入姓名...")
            },
            password:function(){
                console.log("正在输入密码...")
            }
        }
    //在指定的 DOM 元素上装载应用程序实例的根组件
    }).mount('#app');
</script>
```

运行上述程序，按 F12 快捷键打开控制台，然后在输入框中输入姓名和密码。可以发现，当每次输入时，都会调用对应的方法打印内容，如图 6-16 所示。

图 6-16 每次输入内容都会触发

在 Vue 中，提供了一种便利的方式去实现监听按键事件。在监听键盘事件时，经常需要查找常见的按键所对应的 keyCode，而 Vue 为最常用的按键提供了绝大多数的按键码的别名：

● enter；

● tab；

● delete (捕获 "删除" 和 "退格" 键)；

● esc；

- space；
- up；
- down；
- left；
- right。

上面的示例，每次输入都会触发 keyup 事件，有时候不需要每次输入都会触发，例如，发 QQ 消息，希望所有的内容都输入完成后再发送。这时可以为 keyup 事件添加 enter 按键码，当键盘上的 Enter 键抬起时才会触发 keyup 事件。

例如，更改上面的示例，在 keyup 事件后添加 enter 按键码。

【例 6.13】(实例文件：ch06\6.13.html)添加 enter 按键码。

```
<div id="app">
    <label for="name">姓名: </label>
    <input v-on:keyup.enter="name" type="text" id="name">
</div>
<!--引入 vue 文件-->
<script src="https://unpkg.com/vue@3/dist/vue.global.js"></script>
<script>
    //创建一个应用程序实例
    const vm= Vue.createApp({
        methods: {
            name:function(){
                console.log("正在输入姓名...")
            }
        }
    //在指定的 DOM 元素上装载应用程序实例的根组件
    }).mount('#app');
</script>
```

运行上述程序，在 input 输入框中输入姓名("zhangsanfeng")，然后按下 Enter 键，弹起后触发 keyup 方法，打印"正在输入姓名…"，效果如图 6-17 所示。

图 6-17　按下 Enter 键并弹起时触发

6.5　系统修饰键

可以用如下修饰符来实现仅在按下相应按键时才触发鼠标或键盘事件的监听器。

- ctrl；
- alt；
- shift；
- meta。

系统修饰键与常规按键不同，在和 keyup 事件一起使用时，事件触发时修饰键必须处于按下状态。换句话说，只有在按住 Ctrl 键的情况下释放其他按键，才能触发 keyup.ctrl。而仅仅释放 Ctrl 键也不会触发事件。

【例 6.14】(实例文件：ch06\6.14.html)系统修饰键。

```
<div id="app">
    <label for="name">姓名：</label>
    <!--添加 shift 按键码-->
    <input v-on:keyup.shift.enter="name" type="text" id="name">
</div>
<!--引入 vue 文件-->
<script src="https://unpkg.com/vue@3/dist/vue.global.js"></script>
<script>
    //创建一个应用程序实例
    const vm= Vue.createApp({
        methods: {
            name:function(){
                console.log("正在输入姓名...")
            }
        }
    //在指定的 DOM 元素上装载应用程序实例的根组件
    }).mount('#app');
</script>
```

运行上述程序，在 input 输入框中输入完成后，这时按下 Enter 键是无法激活 keyup 事件的，首先需要按下 Shift 键，再按 Enter 键才可以触发，效果如图 6-18 所示。

图 6-18　系统修饰键示例

6.6　综合案例——设计商城 tab 栏切换

该案例使用事件来定义 tab 栏。首先，为导航栏的每个 a 标签设置 curId 的值，如果 curId 等于 0，第一个 a 标签添加 cur 类名，如果 curId 等于 1，第二个 a 标签添加 cur 类名，以此类推。添加了 cur 类名，a 标签就会改变样式。

其次，根据 curId 的值显示 tab 栏的内容，如果 curId 等于 0，第一个 div 显示，其他三个 div 不显示。如果 curId 等于 1，第二个 div 显示，其他三个 div 不显示，以此类推。

具体实现代码如下：

```html
<!DOCTYPE html>
<html>
<head>
    <meta charset="UTF-8">
    <title>Title</title>
</head>
<body>
<div id="tab">
    <div class="tab-tit">
        <a href="javascript:;" @click="curId=0" :class="{'cur':curId===0}">女装</a>
        <a href="javascript:;" @click="curId=1" :class="{'cur':curId===1}">鞋子</a>
        <a href="javascript:;" @click="curId=2" :class="{'cur':curId===2}">包包</a>
        <a href="javascript:;" @click="curId=3" :class="{'cur':curId===3}">男装</a>
    </div>
    <div class="tab-con">
        <div v-show="curId===0">
            <img src="001.jpg">
        </div>
        <div v-show="curId===1">
            <img src="002.jpg" >
        </div>
        <div v-show="curId===2">
            <img src="003.jpg">
        </div>
        <div v-show="curId===3">
            <img src="004.jpg" >
        </div>
    </div>
</div>
</body>
<!--引入 vue 文件-->
<script src="https://unpkg.com/vue@3/dist/vue.global.js"></script>
<script>
    //创建一个应用程序实例
    const vm= Vue.createApp({
        //该函数返回数据对象
        data() {
            return {
                curId: 0
            }
        },
    //在指定的 DOM 元素上装载应用程序实例的根组件
    }).mount('#tab');
</script>
</html>
```

样式代码如下：

```css
<style>
    #tab{
        width: 600px;
        margin: 0 auto;
    }
    .tab-tit{
        font-size: 0;
        width: 600px;
```

```
    }
    .tab-tit a{
        display: inline-block;
        height: 40px;
        line-height: 40px;
        font-size: 16px;
        width: 25%;
        text-align: center;
        background: #e1e1e1;
        color: #333;
        text-decoration: none;
    }
    .tab-tit .cur{
        background: #09f;
        color: #fff;
    }
    .tab-con div{
        border: 1px solid #e7e7e7;
        height: 400px;
        padding-top: 20px;
    }
</style>
```

运行上述程序，效果如图 6-19 所示。

图 6-19 tab 栏切换效果

6.7 疑 难 解 惑

疑问 1：exact 修饰符的用法？

exact 修饰符允许控制由精确的系统修饰符组合触发的事件。

```
<!--即使 Alt 键或 Shift 键被一同按下时也会触发-->
<button @click.ctrl="onClick">A</button>
<!--有且只有 Ctrl 键被按下的时候才触发-->
<button @click.ctrl.exact="onCtrlClick">A</button>
<!--没有任何系统修饰符被按下的时候才触发-->
<button @click.exact="onClick">A</button>
```

疑问 2：为什么在 HTML 中监听事件？

可能注意到这种事件监听的方式违背了关注点分离(separation of concern)传统的理念。不必担心，因为所有的 Vue.js 事件处理方法和表达式都严格绑定在当前视图的 ViewModel 上，它不会增加任何维护上的困难。实际上，使用 v-on 有以下几个好处。

(1) 扫一眼 HTML 模板便能轻松地定位在 JavaScript 代码里对应的方法。

(2) 因为无须在 JavaScript 中手动绑定事件，ViewModel 代码可以是非常纯粹的逻辑，和 DOM 完全解耦，更易于测试。

(3) 当一个 ViewModel 被销毁时，所有的事件处理器都会自动被删除，无须担心如何清理它们。

第 7 章

双向数据绑定(表单输入绑定)

对于 Vue.js 来说，使用 v-bind 并不能解决表单域对象双向绑定的需求，所谓双向绑定，就是无论是通过 input 还是通过 Vue.js 对象，都能修改绑定的数据对象的值。Vue.js 提供了 v-model 进行双向绑定。

7.1 双 向 绑 定

对于数据的绑定，不管是使用插值表达式({{}})还是 v-text 指令，数据间的交互都是单向的，只能将 Vue.js 实例里的值传递给页面，页面对数据值的任何操作却无法传递给 model。

MVVM 模式最重要的一个特性，可以说就是数据的双向绑定，而 Vue.js 作为一个 MVVM 框架，肯定也实现了数据的双向绑定。在 Vue.js 中使用内置的 v-model 指令完成数据在 View 与 Model 间的双向绑定。

可以用 v-model 指令在表单<input>、<textarea>及<select>元素上创建双向数据绑定。它会根据控件类型自动选取正确的方法来更新元素。尽管有些神奇，但 v-model 本质上不过是语法糖，它负责监听用户的输入事件以更新数据，并对一些极端场景进行特殊处理。

v-model 会忽略所有表单元素的 value、checked、selected 特性的初始值，而总是将 Vue.js 实例的数据作为数据来源。我们应该通过 JavaScript 在组件的 data 选项中声明初始值。

提示

　　表单元素可以与用户进行交互，所以可使用 v-model 指令在表单控件或者组件上创建双向绑定。

7.2 基 本 用 法

v-model 其实相当于把 Vue.js 中的属性绑定到元素(input)上，如果该数据属性有值，值会显示到 input 中，同时元素中输入的内容也决定了 Vue.js 中的属性值。

v-model 在内部为不同的输入元素使用不同的属性并抛出不同的事件。

- text 和 textarea 元素使用 value 属性和 input 事件。
- checkbox 和 radio 元素使用 checked 属性和 change 事件。
- select 字段将 value 作为 prop 并将 change 作为事件。

 注意

　　对于需要使用输入法 (如中文、日文、韩文等)的语言，会发现 v-model 不会在输入法组合文字的过程中得到更新。要想处理这种问题，请使用 input 事件。

7.2.1　文本

　　双向数据绑定最常用的就是文本的绑定了。在下面的示例中，绑定了 name 和 age 两个属性。

【**例 7.1**】(实例文件：ch07\7.1.html)绑定文本。

```html
<div id="app">
    <label for="name">姓名: </label>
    <input v-model="name" type="text" id="name">
    <p>{{name}}</p>
    <label for="age">年龄: </label>
    <input v-model="age" type="text" id="age">
    <p>{{age}}</p>
</div>
<!--引入 vue 文件-->
<script src="https://unpkg.com/vue@3/dist/vue.global.js"></script>
<script>
    //创建一个应用程序实例
    const vm= Vue.createApp({
        //该函数返回数据对象
        data() {
            return {
                name:'张三丰',
                age:'16'
            }
        },
        //在指定的 DOM 元素上装载应用程序实例的根组件
    }).mount('#app');
</script>
```

　　运行上述程序，效果如图 7-1 所示；把姓名改为"小明"，年龄改为"18"，p 标签中的内容也随之改变，如图 7-2 所示。

图 7-1　页面初始化效果

图 7-2　变更内容后的效果

7.2.2　多行文本

把例 7.1 中的 p 标签换成 textarea 标签，即可实现多行文本的绑定。

【例 7.2】(实例文件：ch07\7.2.html)绑定多行文本。

```
<div id="app">
    <span>多行文本:</span>
    <p style="white-space: pre-line;">{{message}}</p>
    <textarea v-model="message"></textarea>
</div>
<!--引入 vue 文件-->
<script src="https://unpkg.com/vue@3/dist/vue.global.js"></script>
<script>
    //创建一个应用程序实例
    const vm= Vue.createApp({
        //该函数返回数据对象
        data(){
          return{
            message:""
            }
          }
        //在指定的 DOM 元素上装载应用程序实例的根组件
    }).mount('#app');
</script>
```

运行上述程序，在 textarea 标签中输入多行文本，效果如图 7-3 所示。

图 7-3　绑定多行文本

7.2.3　复选框

(1)　单个复选框，绑定到布尔值。

【例 7.3】(实例文件：ch07\7.3.html)绑定单个复选框。

```
<div id="app">
    <input type="checkbox" id="checkbox" v-model="checked">
    <label for="checkbox">{{ checked }}</label>
</div>
<!--引入 vue 文件-->
<script src="https://unpkg.com/vue@3/dist/vue.global.js"></script>
<script>
    //创建一个应用程序实例
    const vm= Vue.createApp({
        //该函数返回数据对象
        data() {
```

```
        return {
            checked:false
        }
    },
    //在指定的 DOM 元素上装载应用程序实例的根组件
    }).mount('#app');
</script>
```

运行上述程序，效果如图 7-4 所示；当选中复选框后，效果如图 7-5 所示。

图 7-4　页面初始化效果　　　　　　图 7-5　选中复选框后效果

(2) 多个复选框，绑定到同一个数组，被选中的添加到数组中。

【例 7.4】(实例文件：ch07\7.4.html)绑定多个复选框。

```
<div id="app">
    <input type="checkbox" id="name1" value="小明" v-model="checkedNames">
    <label for="name1">小明</label>
    <input type="checkbox" id="name2" value="小兰" v-model="checkedNames">
    <label for="name2">小兰</label>
    <input type="checkbox" id="name3" value="小花" v-model="checkedNames">
    <label for="name3">小花</label>
    <p><span>选出最优秀的学生: {{ checkedNames }}</span></p>
</div>
<!--引入 vue 文件-->
<script src="https://unpkg.com/vue@3/dist/vue.global.js"></script>
<script>
    //创建一个应用程序实例
    const vm= Vue.createApp({
        //该函数返回数据对象
        data() {
            return {
                checkedNames: [],    //定义空数组
            }
        },
        //在指定的 DOM 元素上装载应用程序实例的根组件
    }).mount('#app');
</script>
```

运行上述程序，勾选前两个复选框，勾选的内容显示在数组中，如图 7-6 所示。

图 7-6　绑定多个复选框

7.2.4 单选按钮

单选按钮一般都有多个条件可供选择,既然是单选按钮,自然希望实现互斥效果,可以使用 v-model 指令配合单选按钮的 value 来实现。

在下面的示例中,多个单选按钮,绑定到同一个数组,被选中的添加到数组中。

【例 7.5】(实例文件:ch07\7.5.html)绑定单选按钮。

```html
<div id="app">
    <h3>单选题</h3>
    <input type="radio" id="one" value="A" v-model="picked">
    <label for="one">A</label><br/>
    <input type="radio" id="two" value="B" v-model="picked">
    <label for="two">B</label><br/>
    <input type="radio" id="three" value="C" v-model="picked">
    <label for="three">C</label><br/>
    <input type="radio" id="four" value="D" v-model="picked">
    <label for="four">D</label>
    <p><span>选择: {{ picked }}</span></p>
</div>
<!--引入vue文件-->
<script src="https://unpkg.com/vue@3/dist/vue.global.js"></script>
<script>
    //创建一个应用程序实例
    const vm= Vue.createApp({
        //该函数返回数据对象
        data() {
            return {
                picked: ''
            }
        },
        //在指定的DOM元素上装载应用程序实例的根组件
    }).mount('#app');
</script>
```

运行上述程序,选中 B 单选按钮,效果如图 7-7 所示。

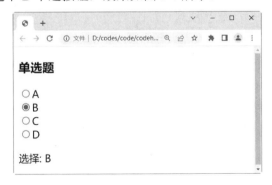

图 7-7 绑定单选按钮

7.2.5 选择框

下面将详细介绍如何绑定单选框、多选框和用 v-for 渲染的动态选项。

1. 单选框

不需要为<select>标签添加任何属性，即可实现单选效果。

【例 7.6】(实例文件：ch07\7.6.html)绑定单选框。

```
<div id="app">
    <h3>选择您最喜欢吃的水果</h3>
    <select v-model="selected">
        <option disabled value="">可以选择的水果如下</option>
        <option>苹果</option>
        <option>香蕉</option>
        <option>橘子</option>
    </select>
    <span>选择结果：{{ selected }}</span>
</div>
<!--引入 vue 文件-->
<script src="https://unpkg.com/vue@3/dist/vue.global.js"></script>
<script>
    //创建一个应用程序实例
    const vm= Vue.createApp({
        //该函数返回数据对象
        data() {
            return {
                selected: ' '
            }
        },
        //在指定的 DOM 元素上装载应用程序实例的根组件
    }).mount('#app');
</script>
```

运行上述程序，结果如图 7-8 所示。

图 7-8　绑定单选框

 提示

如果 v-model 表达式的初始值未能匹配任何选项，<select>元素将被渲染为"未选中"状态。在 iOS 中，这会使用户无法选择第一个选项。因为在这种情况下，iOS 不会触发 change 事件。因此，推荐像上面这样提供一个值为空的禁用选项。

2. 多选框(绑定到一个数组)

为<select>标签添加 multiple 属性，即可实现多选。

【例 7.7】(实例文件：ch07\7.7.html)绑定多选框。

```
<div id="app">
    <h3>选择你喜欢吃的水果</h3>
    <select v-model="selected" multiple style="height: 100px">
        <option disabled value="">可以选择的水果如下</option>
        <option>苹果</option>
        <option>香蕉</option>
        <option>橘子</option>
        <option>草莓</option>
    </select>
    <span>选择结果：{{ selected }}</span>
</div>
<!--引入 vue 文件-->
<script src="https://unpkg.com/vue@3/dist/vue.global.js"></script>
<script>
    //创建一个应用程序实例
    const vm= Vue.createApp({
        //该函数返回数据对象
        data() {
            return {
                selected: []
            }
        },
        //在指定的 DOM 元素上装载应用程序实例的根组件
    }).mount('#app');
</script>
```

运行上述程序，按住 Ctrl 键可以选择多个选项，效果如图 7-9 所示。

图 7-9　绑定多选框

3. 用 v-for 渲染的动态选项

在实际应用场景中，<select>标签中的<option>一般是通过 v-for 指令动态输出的，其中每一项的 value 或 text 都可以使用 v-bind 动态输出。

【例 7.8】(实例文件：ch07\7.8.html)用 v-for 渲染的动态选项。

```
<div id="app">
    <select v-model="selected">
        <option v-for="option in options" v-
bind:value="option.value">{{option.text}}</option>
    </select>
```

```
    <span>选择结果: {{ selected }}</span>
</div>
<!--引入 vue 文件-->
<script src="https://unpkg.com/vue@3/dist/vue.global.js"></script>
<script>
    //创建一个应用程序实例
    const vm= Vue.createApp({
        //该函数返回数据对象
        data() {
            return {
            selected: '苹果',
            options: [
                { text: 'One', value: '苹果' },
                { text: 'Two', value: '香蕉' },
                { text: 'Three', value: '芒果' }
            ]
            }
        },
        //在指定的 DOM 元素上装载应用程序实例的根组件
    }).mount('#app');
</script>
```

运行上述程序，在选择框中选择 Three 选项，效果如图 7-10 所示。

图 7-10　v-for 渲染的动态选项

7.3　值　绑　定

对于复选框、单选按钮及选择框的选项，v-model 绑定的值通常是静态字符串(复选框也可以是布尔值)。但是有时可能想把值绑定到 Vue 实例的一个动态属性上，这时可以用 v-bind 实现，并且这个属性的值可以不是字符串。

7.3.1　复选框

在下面的示例中，true-value 和 false-value 特性并不会影响输入控件的 value 特性，因为浏览器在提交表单时并不会包含未被选中的复选框。如果要确保表单中这两个值中的一个能够被提交(例如"yes"或"no")，请换用单选按钮。

【例 7.9】(实例文件：ch07\7.9.html)动态绑定复选框。

```
<div id="app">
    <input type="checkbox" v-model="toggle" true-value="yes" false-
```

```
value="no">
    <span>{{toggle}}</span>
</div>
<!--引入 vue 文件-->
<script src="https://unpkg.com/vue@3/dist/vue.global.js"></script>
<script>
    //创建一个应用程序实例
    const vm= Vue.createApp({
        //该函数返回数据对象
        data() {
            return {
                toggle:''
            }
        },
        //在指定的 DOM 元素上装载应用程序实例的根组件
    }).mount('#app');
</script>
```

运行上述程序，选中状态如图 7-11 所示，反之如图 7-12 所示。

图 7-11　选中效果　　　　　　　　　　图 7-12　非选中效果

7.3.2　单选按钮

首先为单选按钮绑定一个属性 a，定义属性值为"该单选按钮已被选中"；然后使用 v-model 指令为单选按钮绑定 pick 属性，当单选按钮选中后，pick 的值等于 a 的属性值。

【例 7.10】(实例文件：ch07\7.10.html)动态绑定单选按钮的值。

```
<div id="app">
    <input type="radio" v-model="pick" v-bind:value="a">
    <span>{{ pick}}</span>
</div>
<!--引入 vue 文件-->
<script src="https://unpkg.com/vue@3/dist/vue.global.js"></script>
<script>
    //创建一个应用程序实例
    const vm= Vue.createApp({
        //该函数返回数据对象
        data() {
            return {
                a:'该单选按钮已被选中',
                pick:'',
            }
        },
        //在指定的 DOM 元素上装载应用程序实例的根组件
    }).mount('#app');
</script>
```

运行上述程序，选中效果如图 7-13 所示。

图 7-13　单选按钮选中效果

7.3.3　选择框

在下面的示例中，定义了 4 个 option 选项，使用 v-bind 进行绑定。

【例 7.11】(实例文件：ch07\7.11html)动态绑定选择框的选项。

```html
<div id="app">
    <select v-model="selected" multiple>
        <option v-bind:value="{ number: 1 }">A</option>
        <option v-bind:value="{ number: 2 }">B</option>
        <option v-bind:value="{ number: 3 }">C</option>
        <option v-bind:value="{ number: 4 }">D</option>
    </select>
    <p><span>{{ selected }}</span></p>
</div>
<!--引入 vue 文件-->
<script src="https://unpkg.com/vue@3/dist/vue.global.js"></script>
<script>
    //创建一个应用程序实例
    const vm= Vue.createApp({
        //该函数返回数据对象
        data() {
            return {
                selected:[]
            }
        },
        //在指定的 DOM 元素上装载应用程序实例的根组件
    }).mount('#app');
</script>
```

运行上述程序，选中 C 选项，在 p 标签中显示相应的 number 值，如图 7-14 所示。

图 7-14　动态绑定选择框的选项

7.4　修　饰　符

对于 v-model 指令，还有 lazy、number 和 trim 三个常用的修饰符。下面分别来进行介绍。

7.4.1　lazy

在输入框中，v-model 默认是同步数据，使用 lazy 修饰符会转变为在 change 事件中同步，也就是在失去焦点或者按 Enter 键时才更新。

【例 7.12】(实例文件：ch07\7.12.html)lazy 修饰符示例。

```html
<div id="app">
    <input v-model.lazy="message">
    <span>{{ message }}</span>
</div>
<!--引入 vue 文件-->
<script src="https://unpkg.com/vue@3/dist/vue.global.js"></script>
<script>
    //创建一个应用程序实例
    const vm= Vue.createApp({
        //该函数返回数据对象
        data() {
            return {
                message:'abc'
            }
        },
    //在指定的 DOM 元素上装载应用程序实例的根组件
    }).mount('#app');
</script>
```

运行上述程序，输入“abc123456789”，如图 7-15 所示；失去焦点后同步数据，如图 7-16 所示。

图 7-15　输入数据

图 7-16　失去焦点后同步数据

7.4.2　number

number 修饰符可以将输入的值转化为 Number 类型，否则虽然输入的是数字，但它的类型其实是 String，在数字输入框中比较有用。

如果想自动将用户的输入值转换为数值类型，可以给 v-model 添加 number 修饰符。

这样做通常很有用，因为即使在 type="number"时，HTML 输入元素的值也总会返回字符串。如果这个值无法被 parseFloat()解析，则会返回原始的值。

【例 7.13】(实例文件：ch07\7.13.html)number 修饰符。

```
<div id="app">
    <p>.number 修饰符</p>
    <input type="number" v-model.number="val">
    <p>数据类型是: {{ typeof(val) }}</p>
</div>
<!--引入 vue 文件-->
<script src="https://unpkg.com/vue@3/dist/vue.global.js"></script>
<script>
    //创建一个应用程序实例
    const vm= Vue.createApp({
        //该函数返回数据对象
        data() {
            return {
                val:'',
            }
        },
    //在指定的 DOM 元素上装载应用程序实例的根组件
    }).mount('#app');
</script>
```

运行上述程序，输入"123456789"，由于使用了 number 修饰符，所以显示的数据类型为 number 类型，如图 7-17 所示。

图 7-17　number 修饰符

7.4.3　trim

如果要自动过滤用户输入的首尾空格，可以给 v-model 添加 trim 修饰符。

【例 7.14】(实例文件：ch07\7.14.html)trim 修饰符示例。

```
<div id="app">
    <p>.trim 修饰符</p>
    <input type="text" v-model.trim="val">
    <p>val 的长度是: {{ val.length }}</p>
</div>
<!--引入 vue 文件-->
<script src="https://unpkg.com/vue@3/dist/vue.global.js"></script>
<script>
    //创建一个应用程序实例
    const vm= Vue.createApp({
        //该函数返回数据对象
        data() {
            return {
```

```
            val:''
        }
    },
    //在指定的 DOM 元素上装载应用程序实例的根组件
    }).mount('#app');
</script>
```

运行上述程序，在 input 前后输入了许多空格，并输入"123"，可以看到 val 的长度为 3，效果如图 7-18 所示。

图 7-18　trim 修饰符示例

7.5　综合案例——破坏瓶子小游戏

本案例应用前文所学的知识，来编写一个简单的破坏瓶子的小游戏。小游戏其实是一张图片，对应一些按钮，通过不断单击按钮，当单击一定次数后，用一张新图片替换原来的图片。

程序运行效果如图 7-19 所示；不断单击"敲瓶子"按钮，瓶子就会被破坏，效果如图 7-20 所示。

图 7-19　完整的瓶子

图 7-20　被敲碎后的瓶子

下面来看一下其实现的步骤。

(1) 先来看一下 HTML 结构。其结构包括图片、提示信息、破坏进度和控制按钮。

```html
<div id="app">
    <!--图片-->
    <div id="bottle" v-bind:class="{ burst:boole }"></div>
    <!--提示破碎的信息-->
    <div id="state">{{ state }}</div>
    <!--破坏进度情况-->
    <div id="bottle-health">
        <div v-bind:style="{width:health + '%' }"></div>
    </div>
    <!--控制按钮-->
    <div id="controls">
        <button v-on:click="beat" v-show="!boole">敲瓶子</button>
        <button v-on:click="restart">重新开始</button>
    </div>
</div>
```

(2) 设计样式。

```css
<style>
    #bottle{
        width:150px;                                        /*定义宽度*/
        height: 500px;                                      /*定义高度*/
        margin: 0 auto;                                     /*定义外边距*/
        background: url(001.png) center no-repeat;          /* 定义图片 居中 不平铺*/
        background-size: 80%;                               /*定义背景图片尺寸*/
    }
    #bottle.burst{
        background-image:url(002.png);                      /* 定义背景图片*/
    }
    #state{
        color: red;                                         /*定义字体颜色*/
        text-align: center;                                 /*定义水平居中*/
    }
    #bottle-health{
        width:200px;                                        /*定义宽度*/
        border: 2px solid #000;                             /*定义边框*/
        margin: 0 auto 20px auto;                           /*定义外边距*/
    }
    #bottle-health div{
        height:10px;                                        /*定义高度*/
        background: #dc2b57;                                /*定义背景颜色*/
    }
    #controls{
        width: 200px;                                       /*定义宽度*/
        margin: 0 auto;                                     /*定义外边距*/
    }
    #controls button{
        margin-left: 20px;                                  /*定义左侧外边距*/
    }
</style>
```

(3) 设计 Vue.js 逻辑。

```html
<!--引入 vue 文件-->
<script src="https://unpkg.com/vue@3/dist/vue.global.js"></script>
<script>
    //创建一个应用程序实例
```

```
    const vm= Vue.createApp({
        //该函数返回数据对象
        data() {
            return {
                health:100,    //定义破坏的进度条
                boole:false,
                state:""
            }
        },
        methods:{
            // 破坏瓶子
            beat:function () {
                this.health-=10;    //每次单击按钮触发 beat 方法,health 宽度减少 10%
                if (this.health<=0){
                    this.boole=true;//当 this.health<=0 时, this. boole 的值为 true,
                                    //应用 burst 类更换背景图片
                    this.state="瓶子被敲碎了"    //提示"瓶子被敲碎了"信息
                }
            },
            //重新开始
            restart:function(){
                this.health=100;       //进度条恢复 100
                this.boole=false;      //this.boole 回到定义时的值(false),
                                       //显示瓶子没破坏前图片
            }
        }
    //在指定的 DOM 元素上装载应用程序实例的根组件
    }).mount('#app');
</script>
```

7.6　疑　难　解　惑

疑问 1：Vue.js 如何双向绑定表单数据？

Vue.js 利用 v-model 进行表单数据的双向绑定。具体做了以下两个操作。

(1)　v-bind 绑定了一个 value 的属性。

(2)　利用 v-on 把当前的元素绑定到一个事件上。

例如下面的示例：

```
<div id="app">
    <!--绑定 value 属性, input 绑定到 oninput 事件上-->
    <input v-model:value="inputValue" v-on:input="inputValue=
        $event.target.value">
    <p>----{{inputValue}}----</p>
</div>
<!--引入 vue 文件-->
<script src="https://unpkg.com/vue@3/dist/vue.global.js"></script>
<script>
    //创建一个应用程序实例
    const vm= Vue.createApp({
        //该函数返回数据对象
        data() {
            return {
                inputValue:""
            }
```

```
    },
    //在指定的 DOM 元素上装载应用程序实例的根组件
    })).mount('#app');
</script>
```

运行上述程序，效果如图 7-21 所示。

图 7-21　双向绑定

input 元素本身有个 oninput 事件，这是 HTML5 新增加的事件，类似 onchange，每当输入框内容发生变化时，就会触发 oninput 事件，把最新的 value 传递给 inputValue。

疑问 2：v-model、@input 和@v-model.lazy 在更新输入框数据时的区别是什么？

在使用 v-model 时，如果用中文输入法输入中文，一般在没有选定词组前，也就在拼音阶段，Vue.js 是不会更新数据的，当输入汉字时才会触发更新。如果希望总是实时更新，可以用@input 来代替 v-model。

v-model.lazy 在 change 事件中同步，内容并不是实时改变，而是在失去焦点和按 Enter 键时才会更新。

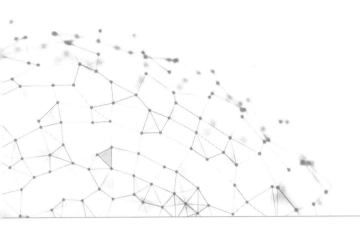

第8章

精通组件

在前面的学习中，对 Vue.js 的一些基础语法进行了简单的了解，通过前面的代码可以清晰地看出，在使用 Vue.js 的整个过程中，都是在对 Vue.js 的实例进行一系列操作。这里就会出现一个问题，把所有对 Vue.js 实例的操作全部写在一块，这必然会导致这个方法又长又不好理解。那么，如何在 Vue.js 中解决上述问题呢？这里就需要用到组件这个技术了，本章将学习 Vue.js 中组件的知识。

8.1　组件是什么

组件是 Vue.js 中的一个重要概念，它是一种抽象并可以复用的 Vue.js 实例，它拥有独一无二的组件名称，它可以扩展 HTML 元素，以组件名称的方式作为自定义的 HTML 标签。因为组件是可复用的 Vue.js 实例，所以它能有 data、computed、watch、methods 以及生命周期钩子等。

在绝大多数的系统网页中，都包含 header、menu、body、footer 等部分，通常同一个系统中的多个页面，可能仅仅是页面中 body 部分显示的内容不同，因此，我们就可以将系统中重复出现的页面元素设计成一个个的组件，当需要的时候，引用这个组件即可。

模块化主要是为了实现每个模块、方法的职能单一，一般是通过代码逻辑的角度进行划分；而 Vue.js 中的组件化，更多的是为了实现对前端 UI 组件的重用。

8.2　组件的注册

在 Vue.js 中创建一个新的组件之后，为了能在模板中使用，这些组件必须先进行注册，以便 Vue.js 能够识别。在 Vue.js 中有两种注册组件的类型：全局注册和局部注册。

8.2.1　全局注册

全局注册组件使用应用程序实例的 component()方法来进行。该方法有两个参数，第一个参数是组件的名称，第二个参数是函数对象或者选项对象。其语法格式如下：

```
app.component({string}name,{Function|Object} definition(optional))
```

因为组件最后会被解析成自定义的 HTML 代码，所以，可以直接在 HTML 中使用组件名称作为标签来使用。

【例 8.1】(实例文件：ch08\8.1.html)全局注册组件。

```
<div id="app">
    <!--使用 my-component 组件-->
    <my-component></my-component>
</div>
<!--引入 vue 文件-->
<script src="https://unpkg.com/vue@3/dist/vue.global.js"></script>
<script>
    //创建一个应用程序实例
     const vm= Vue.createApp({});
    vm.component('my-component', {
        data(){
          return{
            message:" 这是我们创建的全局组件"
            }
        },
        template: '
            <div><h2>{{message}}</h2></div>'
        });
    //在指定的 DOM 元素上装载应用程序实例的根组件
    vm.mount('#app');
</script>
```

运行上述程序，按 F12 快捷键打开控制台，切换到 Elements 选项界面，效果如图 8-1 所示。

图 8-1　全局注册组件

从控制台中可以看到，自定义的组件已经被解析成 HTML 元素。需要注意的一个问题是，当采用小驼峰(myCom)的方式命名组件时，当使用这个组件的时候，需要将大写字母改成小写字母，同时两个字母之间需要使用 "-" 进行连接，例如<my-com>。

8.2.2　局部注册

有些时候，注册的组件只想在一个 Vue.js 实例中使用，这时可以使用局部注册的方式注册组件。在 Vue.js 实例中，可以通过 components 选项注册仅在当前实例作用域下可用的组件。

【例 8.2】(实例文件：ch08\8.2.html)局部注册组件。

```html
<div id="app">
    本次招聘员工的剩余名额：<button-counter></button-counter>
</div>
<!--引入 vue 文件-->
<script src="https://unpkg.com/vue@3/dist/vue.global.js"></script>
<script>
    const MyComponent = {
        data() {
            return {
                num: 1000
            }
        },
        template:
            '<button v-on:click="num--">
                {{ num }}
            </button>'
    }
    //创建一个应用程序实例
    const vm= Vue.createApp({
        components: {
            ButtonCounter: MyComponent
        }
    });
    //在指定的 DOM 元素上装载应用程序实例的根组件
    vm.mount('#app');
</script>
```

运行上述代码，单击数字按钮，将会逐步递减数字，效果如图 8-2 所示。

图 8-2　局部注册组件

8.3　使用 prop 向子组件传递数据

通常组件是当作自定义元素来使用的，而元素一般是有属性的，同样，组件也可以有属性。在使用组件时，给元素设置属性，组件内部如何接收呢？首先需要在组件代码中注册一些自定义的属性，称为 prop，这些 prop 是放在组件的 props 选项中定义的；之后，在使用组件时，就可以把这些 prop 的名字作为元素的属性名来使用，通过属性向组件传递数据，这些数据将作为组件实例的属性被使用。

8.3.1　prop 基本用法

下面看一个示例，使用 prop 属性向子组件传递数据，这里传递"风急天高猿啸哀，渚清沙白鸟飞回。"，在子组件的 props 选项中接收 prop 属性，然后使用插值语法在模板中渲染 prop 属性。

【例 8.3】(实例文件：ch08\8.3.html)使用 prop 属性向子组件传递数据。

```
<div id="app">
    <blog-content date-title="风急天高猿啸哀，渚清沙白鸟飞回。"></blog-content>
</div>
<!--引入 vue 文件-->
<script src="https://unpkg.com/vue@3/dist/vue.global.js"></script>
<script>
    //创建一个应用程序实例
    const vm= Vue.createApp({});
    vm.component('blog-content', {
        props: ['dateTitle'],
        template: '<h3>{{ dateTitle }}</h3>',
        //在该组件中可以使用 this.dateTitle 这种形式调用 prop 属性
        created(){
            console.log(this.dateTitle);
        }
    });
    //在指定的 DOM 元素上装载应用程序实例的根组件
    vm.mount('#app');
</script>
```

运行上述程序，效果如图 8-3 所示。

图 8-3 使用 prop 属性向子组件传递数据

上面的示例中，使用 prop 属性向子组件传递字符串值，还可以传递数字。这只是它的一个简单用法。通常情况下可以使用 v-bind 来传递动态的值，传递数组和对象时也需要使用 v-bind 指令。

下面修改例 8.3，在 Vue.js 实例中定义 title 属性，以传递到子组件中去。

【例 8.4】(实例文件：ch08\8.4.html)传递 title 属性到子组件。

```
<div id="app">
    <blog-content v-bind:date-title="content"></blog-content>
</div>
<!--引入 vue 文件-->
<script src="https://unpkg.com/vue@3/dist/vue.global.js"></script>
<script>
    //创建一个应用程序实例
    const vm= Vue.createApp({
        //该函数返回数据对象
        data(){
            return{
                content:"无边落木萧萧下，不尽长江滚滚来。"
            }
        }
```

```
    });
    vm.component('blog-content', {
        props: ['dateTitle'],
        template: '<h3>{{ dateTitle }}</h3>',
    });
    //在指定的 DOM 元素上装载应用程序实例的根组件
    vm.mount('#app');
</script>
```

运行上述程序，效果如图 8-4 所示。

图 8-4　传递 title 属性到子组件

上面的示例中，在 Vue.js 实例中向子组件传递数据，通常情况下多用于组件向组件传递数据。下面的示例创建了两个组件，在页面中渲染其中的一个组件，而在这个组件中使用另外一个组件，并传递 title 属性。

【例 8.5】(实例文件：ch08\8.5.html)组件之间传递数据。

```
<div id="app">
    <!--使用 blog-content 组件-->
    <blog-content></blog-content>
</div>
<!--引入 vue 文件-->
<script src="https://unpkg.com/vue@3/dist/vue.global.js"></script>
<script>
    //创建一个应用程序实例
    const vm= Vue.createApp({ });
    vm.component('blog-content', {
        // 使用 blog-title 组件，并传递 content
        template: '<div><blog-title v-bind:date-title="title">
            </blog-title></div>',
        data:function(){
            return{
                title:"山月不知心里事，水风空落眼前花，摇曳碧云斜。"
            }
        }
    });
    vm.component('blog-title', {
        props: ['dateTitle'],
        template: '<h3>{{ dateTitle }}</h3>',
    });
    //在指定的 DOM 元素上装载应用程序实例的根组件
    vm.mount('#app');
</script>
```

运行上述程序，效果如图 8-5 所示。

图 8-5　组件之间传递数据

如果组件需要传递多个值，可以定义多个 prop 属性。

【例 8.6】(实例文件：ch08\8.6.html)传递多个值。

```
<div id="app">
    <!--使用 blog-content 组件-->
    <blog-content></blog-content>
</div>
<!--引入 vue 文件-->
<script src="https://unpkg.com/vue@3/dist/vue.global.js"></script>
<script>
    //创建一个应用程序实例
    const vm= Vue.createApp({ });
    vm.component('blog-content', {
        // 使用 blog-title 组件，并传递 content
        template: '<div><blog-title :name="name" :num="num"
            :ranking=" ranking "></blog-title></div>',
        data:function(){
            return{
                name:"张三丰",
                num:"298 分",
                ranking:"第 6 名"
            }
        }
    });
    vm.component('blog-title', {
        props: ['name','num','ranking'],
        template: '<ul><li>{{name}}</li><li>{{num}}</li><li>{{ranking}}
            </li></ul> ',
    });
    //在指定的 DOM 元素上装载应用程序实例的根组件
    vm.mount('#app');
</script>
```

运行上述程序，效果如图 8-6 所示。

图 8-6　传递多个值

从上面的示例可以看出，代码以字符串数组形式列出多个 prop 属性：

```
props: ['name','num','ranking'],
```

但是，通常希望每个 prop 属性都有指定的值类型。这时，可以以对象形式列出 prop，这些属性的名称和值分别是 prop 各自的名称和类型，例如：

```
props: {
    name: String,
    num: String,
    ranking: String,
}
```

8.3.2　单向数据流

所有的 prop 属性传递数据都是单向的。父组件 prop 属性的更新会向下流动到子组件，但是反过来则不行。这样会防止从子组件意外变更父组件的数据，从而导致应用的数据流向难以理解。

另外，每次父组件发生变更时，子组件中所有的 prop 属性都将会刷新为最新的值。这意味着不应该在一个子组件内部改变 prop 属性。如果这样做，Vue.js 会在浏览器的控制台中发出警告。

有以下两种情况可能需要改变组件的 prop 属性。

第一种情况是定义一个 prop 属性，以方便父组件传递初始值，在子组件内将这个 prop 作为一个本地的 prop 数据来使用。遇到这种情况，解决办法是在本地的 data 选项中定义一个属性，然后将 prop 属性值作为其初始值，后续操作只访问这个 data 属性。例如：

```
props: ['initDate'],
data: function () {
    return {
        title: this.initDate
    }
}
```

第二种情况是 prop 属性接收数据后需要转换后使用。这种情况可以使用计算属性来解决。例如：

```
props: ['size'],
computed: {
    nowSize:function(){
        return this.size.trim().toLowerCase()
    }
}
```

后续的内容直接访问计算属性 nowSize 即可。

8.3.3　prop 验证

当开发一个可复用的组件时，父组件希望通过 prop 属性传递的数据类型符合要求。例如，组件定义一个 prop 属性是一个对象类型，结果父组件传递的是一个字符串的值，这明显不合适。因此，Vue.js 提供了 prop 属性的验证规则，在定义 props 选项时，使用一个带验证需求的对象来代替之前使用的字符串数组(props: ['name','price','city'])。代码说明如下：

```
vm.component('my-component', {
    props: {
        // 基础的类型检查 ('null' 和 'undefined' 会通过任何类型验证)
        name: String,
        // 多个可能的类型
        price: [String, Number],
        // 必填的字符串
        city: {
            type: String,
            required: true
        },
        // 带有默认值的数字
        prop1: {
            type: Number,
            default: 100
        },
        // 带有默认值的对象
        prop2: {
            type: Object,
            // 对象或数组默认值必须从一个工厂函数获取
            default: function () {
                return { message: 'hello' }
            }
        },
        // 自定义验证函数
        prop3: {
            validator: function (value) {
                // 这个值必须匹配下列字符串中的一个
                return ['success', 'warning', 'danger'].indexOf(value) !== -1
            }
        }
    }
})
```

为组件的 prop 指定验证要求后，如果有一个需求没有被满足，则 Vue.js 会在浏览器控制台中发出警告。

上面代码验证的 type 可以是以下原生构造函数中的一个：String、Number、Boolean、Array、Object、Date、Function、Symbol。

另外，type 还可以是一个自定义的构造函数，并且通过 instanceof 来进行检查确认。例如，给定下列构造函数：

```
function Person (firstName, lastName) {
    this.firstName = firstame
    this.lastName = lastName
}
```

可以通过以下代码验证 name 的值是否为通过 new Person 创建的。

```
vm.component('blog-content', {
    props: {
        name: Person
    }
})
```

8.3.4　非 prop 的属性

在使用组件的时候，父组件可能会向子组件传入未定义 prop 的属性值，这样也是可以的。组件可以接受任意的属性，而这些外部设置的属性会被添加到子组件的根元素上。

【例 8.7】(实例文件：ch08\8.7.html)非 prop 的属性。

```
<style>
    .bg1{
        background: #C1FFE4;
    }
    .bg2{
        width: 120px;
    }
</style>
<div id="app">
    <!--使用 blog-content 组件-->
    <input-con class="bg2" type="text"></input-con>
</div>
<!--引入 vue 文件-->
<script src="https://unpkg.com/vue@3/dist/vue.global.js"></script>
<script>
    //创建一个应用程序实例
    const vm= Vue.createApp({ });
    vm.component('input-con', {
        template: '<input class="bg1">',
    });
    //在指定的 DOM 元素上装载应用程序实例的根组件
    vm.mount('#app');
</script>
```

运行上述程序，输入"惆怅东栏一株雪"，按 F12 快捷键打开控制台，效果如图 8-7 所示。

从上面的示例可以看出，input-con 组件没有定义任何 prop，根元素是<input>，在 DOM 模板中使用<input-con>元素时设置了 type 属性，这个属性将被添加到 input-con 组件的根元素 input 上，渲染结果为<input type="text">。另外，在 input-con 组件的模板中还使用了 class 属性 bg1，同时在 DOM 模板中也设置了 class 属性 bg2，这种情况下，两个 class 属性的值会被合并，最终渲染的结果为<input class="bg1 bg2" type="text">。

图 8-7　非 prop 的属性

119

需要注意的是，只有 class 和 style 属性的值会合并，对于其他属性而言，从外部提供给组件的值会替换掉组件内容设置好的值。假设 input-con 组件的模板是<input type="text">，如果父组件传入 type="password"，就会替换掉 type="text"，最后渲染结果就变成了<input type="password">。

例如修改例 8.3：

```
<div id="app">
    <!--使用 blog-content 组件-->
    <input-con class="bg2" type="password"></input-con>
</div>
<!--引入 vue 文件-->
<script src="https://unpkg.com/vue@3/dist/vue.global.js"></script>
<script>
    //创建一个应用程序实例
    const vm= Vue.createApp({ });
    vm.component('input-con', {
        template: '<input class="bg1" type="text">',
    });
    //在指定的 DOM 元素上装载应用程序实例的根组件
    vm.mount('#app');
</script>
```

运行上述程序，然后输入"123456789"，可以发现 input 的类型为"password"，效果如图 8-8 所示。

图 8-8　外部组件的值替换掉了组件设置好的值

如果不希望组件的根元素继承外部设置的属性，可以在组件的选项中设置 inheritAttrs: false。例如修改上面示例代码：

```
Vue.component('input-con', {
    template: '<input class="bg1" type="text">',
    inheritAttrs: false,
});
```

再次运行项目，可以发现父组件传递的 type="password"，子组件并没有继承。

8.4　子组件向父组件传递数据

前文介绍了父组件通过 prop 属性向子组件传递数据，那么子组件如何向父组件传递数据呢？具体实现请看下面的讲解。

8.4.1　监听子组件事件

在 Vue.js 中可以通过自定义事件来监听子组件事件。子组件使用$emit()方法触发事件，父组件使用 v-on 指令监听子组件的自定义事件。$emit()方法的语法形式如下：

```
vm.$emit(myEvent, [···args])
```

其中，myEvent 是自定义的事件名称，args 是附加参数，这些参数会传递给监听器的回调函数。如果要向父组件传递数据，可以通过第二个参数来传递。

【例 8.8】(实例文件：ch08\8.8.html)子组件向父组件传递数据。

这里定义一个子组件，子组件的按钮接收到 click 事件后，调用$emit()方法触发一个自定义事件。在父组件中使用子组件时，可以使用 v-on 指令监听自定义的 date 事件。

```html
<div id="app">
    <parent></parent>
</div>
<!--引入 vue 文件-->
<script src="https://unpkg.com/vue@3/dist/vue.global.js"></script>
<script>
    //创建一个应用程序实例
    const vm= Vue.createApp({ });
    vm.component('child', {
        data:function () {
            return{
                info:{
                    name:"张三丰",
                    num:"298 分",
                    ranking:"第 6 名"
                }
            }
        },
        methods:{
            handleClick(){
                //调用实例的$emit()方法触发自定义事件 greet，并传递 info
                this.$emit("date",this.info)
            },
        },
        template:'<button v-on:click="handleClick">显示子组件的数据</button>'
});
vm.component('parent', {
data:function(){
  return{
      name:'',
      num:'',
      ranking:'',
  }
},
methods:{
    // 接收子组件传递的数据
    childDate(info){
        this.name=info.name;
        this.price=info.num;
        this.num=info.ranking;
    }
},
```

```
template:'
    <div>
        <child v-on:date="childDate"></child>
        <ul>
            <li>{{name}}</li>
            <li>{{num}}</li>
            <li>{{price}}</li>
        </ul>
    </div>
'
});
//在指定的 DOM 元素上装载应用程序实例的根组件
vm.mount('#app');
</script>
```

运行上述程序,单击"显示子组件的数据"按钮,将显示子组件传递过来的数据,效果如图 8-9 所示。

图 8-9 子组件向父组件传递数据

8.4.2 将原生事件绑定到组件

在组件的根元素上可以直接监听一个原生事件,使用 v-on 指令时添加一个.native 修饰符即可。例如:

```
<base-input v-on:focus.native="onFocus"></base-input>
```

在有些情形下这很有用,不过在尝试监听一个类似<input>的非特定元素时,这并不是个好方法。例如<base-input>组件可能做了如下重构,所以根元素实际上是一个<label>元素:

```
<label>
    {{ label }}
    <input
        v-bind="$attrs"
        v-bind:value="value"
        v-on:input="$emit('input', $event.target.value)"
    >
</label>
```

这时父组件的.native 监听器将失效。它不会产生任何报错,但是 onFocus 处理函数不会如预期被调用。

为了解决这个问题,Vue.js 提供了一个$listeners 属性,它是一个对象,里面包含了作用在这个组件上的所有监听器。例如:

```
{
    focus: function (event) { /* ... */ }
    input: function (value) { /* ... */ },
}
```

有了这个$listeners 属性，就可以配合 v-on="$listeners"，将所有的事件监听器指向这个组件的某个特定的子元素。对于那些需要 v-model 的元素(如 input)米说，可以为这些监听器创建一个计算属性，例如，下面代码中的 inputListeners。

```
vm.component('base-input', {
    inheritAttrs: false,
    props: ['label', 'value'],
    computed: {
        inputListeners: function () {
        var vm = this
        // 'Object.assign' 将所有的对象合并为一个新对象
        return Object.assign({},
          // 我们从父级添加所有的监听器
          this.$listeners,
          // 然后我们添加自定义监听器，
          // 或覆写一些监听器的行为
          {
            // 这里确保组件配合 'v-model' 的工作
            input: function (event) {
             vm.$emit('input', event.target.value)
            }
          }
        )
      }
    },
    template: '
      <label>
        {{ label }}
        <input
          v-bind="$attrs"
          v-bind:value="value"
          v-on="inputListeners"
        >
      </label>
    '
})
```

现在<base-input>组件是一个完全透明的包裹器了，也就是说，它可以完全像一个普通的<input>元素一样使用，所有跟它相同的属性和监听器都可以工作，不必再使用.native 修饰符了。

8.4.3　sync 修饰符

在有些情况下，可能需要对一个 prop 属性进行双向绑定。但是真正的双向绑定会带来维护上的问题，因为子组件可以变更父组件，且父组件和子组件都没有明显的变更来源。Vue.js 推荐以 update:myPropName 模式触发事件来实现双向数据绑定。

【例 8.9】(实例文件：ch08\8.9.html)设计商品的剩余数量。
其中子组件代码如下：

```
vm.component('child', {
```

```
    data:function () {
        return{
            count:this.value
        }
    },
    props:{
        value:{
            type:Number,
            default:1000
        }
    },
    methods:{
        handleClick(){
            this.$emit("update:value",++this.count)
        },
    },
    template:'
        <div>
            <sapn>子组件：商品的剩余数量：{{value}}台</sapn>
            <button v-on:click="handleClick">减少</button>
        </div>
    '
});
```

在这个子组件中有一个 prop 属性 value，在按钮的 click 事件处理器中，调用$emit()方法触发 update:value 事件，并将加 1 后的计数值作为事件的附加参数。

在父组件中，使用 v-on 指令监听 update:value 事件，这样就可以接收到子组件传来的数据，然后使用 v-bind 指令绑定子组件的 prop 属性 value，就可以给子组件传递父组件的数据，这样就实现了双向数据绑定。示例代码如下：

```
<div id="app">
    父组件：商品的剩余数量：{{counter}}台
    <child v-bind:value="counter" v-on:update:value="counter=$event"></child>
</div>
<!--引入 vue 文件-->
<script src="https://unpkg.com/vue@3/dist/vue.global.js"></script>
<script>
    //创建一个应用程序实例
    const vm= Vue.createApp({
        data(){
            return{
                counter:1000
            }
        }
    });
    //在指定的 DOM 元素上装载应用程序实例的根组件
    vm.mount('#app');
</script>
```

其中$event 是自定义事件的附加参数。运行上述程序，单击 6 次"减少"按钮，可以看到父组件和子组件中购买数量是同步变化的，结果如图 8-10 所示。

图 8-10 同步更新父组件和子组件的数据

为了方便起见，Vue.js 为 prop 属性的双向绑定提供了一个缩写，即.sync 修饰符，修改上面示例的<child>的代码：

```
<child v-bind:value.sync="counter"></child>
```

注意，带有.sync 修饰符的 v-bind 不能和表达式一起使用，bind:title.sync="doc.title + '!'"是无效的。例如：

```
v-bind:value.sync="doc.title+'!' "
```

上面的代码是无效的，取而代之的是，只能提供你想要绑定的属性名，类似 v-model。

当用一个对象同时设置多个 prop 属性时，也可以将.sync 修饰符和 v-bind 配合使用：

```
<child v-bind.sync="doc"></child >
```

这样会把 doc 对象中的每一个属性都作为一个独立的 prop 传进去，然后各自添加用于更新的 v-on 监听器。

8.5 插 槽

组件是当作自定义的 HTML 元素来使用的，其元素可以包括属性和内容，通过组件定义的 prop 来接收属性值，那组件的内容怎么实现呢？我们可以使用插槽(slot 元素)来解决。

8.5.1 插槽的基本用法

下面定义一个组件：

```
vm.component('page', {
    template:'<div><slot></slot></div>'
});
```

在 page 组件中，div 元素内容定义了 slot 元素，可以把它理解为占位符。

在 Vue.js 实例中使用这个组件：

```
<div id="app">
    <page>枕上诗书闲处好，门前风景雨来佳。</page>
</div>
```

page 元素给出了内容，在渲染组件时，这个内容会置换组件内部的<slot>元素。

运行上述程序，渲染的结果如图 8-11 所示。

图 8-11　插槽基本用法

如果 page 组件中没有 slot 元素，<page>元素中的内容将不会渲染到页面。

8.5.2　编译作用域

当想通过插槽向组件传递动态数据时，例如：

```
<page>欢迎来到{{name}}的官网</page>
```

以上代码中，name 属性是在父组件作用域下解析的，而不是 page 组件的作用域。而在 page 组件中定义的属性，父组件是访问不到的，这就是编译作用域。

作为一条规则需记住：父组件模板里的所有内容都是在父级作用域中编译的；子组件模板里的所有内容都是在子作用域中编译的。

8.5.3　默认内容

有时为一个插槽设置默认内容是很有用的，它只会在没有提供内容的时候被渲染。例如，在一个<submit-button>组件中：

```
<button type="submit">
    <slot></slot>
</button>
```

如果希望这个<button>内绝大多数情况下都渲染文本"Submit"，可以将"Submit"作为默认内容，放在<slot>标签内：

```
<button type="submit">
    <slot>Submit</slot>
</button>
```

现在在一个父组件中使用<submit-button>，并且不提供任何插槽内容：

```
<submit-button></submit-button>
```

默认内容"Submit"将会被渲染：

```
<button type="submit">
    Submit
</button>
```

但是如果提供内容：

```
<submit-button>
    提交
</submit-button>
```

则这个提供的内容将会替换掉默认值"Submit"，渲染如下：

```
<button type="submit">
    提交
</button>
```

【例 8.10】(实例文件：ch08\8.10.html)设置插槽的默认内容。

```
<div id="app">
    <page>若似月轮终皎洁，不辞冰雪为卿热。</page>
</div>
<!--引入 vue 文件-->
<script src="https://unpkg.com/vue@3/dist/vue.global.js"></script>
<script>
    //创建一个应用程序实例
    const vm= Vue.createApp({ });
    vm.component('page', {
        template:'<button type="submit">
                    <slot>Submit</slot>
                  </button>
                  '
    });
    //在指定的 DOM 元素上装载应用程序实例的根组件
    vm.mount('#app');
</script>
```

运行上述程序，渲染的结果如图 8-12 所示。

图 8-12 设置插槽的默认内容

8.5.4 命名插槽

在组件开发中，有时需要使用多个插槽。例如，对于一个带有如下模板的<page-layout>组件：

```
<div class="container">
    <header>
        <!-- 把页头放这里 -->
```

```
    </header>
    <main>
        <!--把主要内容放这里 -->
    </main>
    <footer>
        <!--把页脚放这里 -->
    </footer>
</div>
```

对于这样的情况，<slot>元素有一个特殊的特性 name，它用来命名插槽。因此可以定义多个名字不同的插槽，例如：

```
<div class="container">
    <header>
        <slot name="header"></slot>
    </header>
    <main>
        <slot></slot>
    </main>
    <footer>
        <slot name="footer"></slot>
    </footer>
</div>
```

一个不带 name 的<slot>元素，它有默认的名字"default"。

在向命名插槽提供内容的时候，可以在一个<template>元素上使用 v-slot 指令，并以 v-slot 的参数的形式提供其名称：

```
<page-layout>
    <template v-slot:header>
        <h1>这里有一个页面标题</h1>
    </template>
    <p>这里有一段主要内容</p>
    <p>和另一个主要内容</p>
    <template v-slot:footer>
        <p>这是一些联系方式</p>
    </template>
</page-layout>
```

现在<template>元素中的所有内容都将会被传入相应的插槽。任何没有被包裹在带有 v-slot 的<template>中的内容都会被视为默认插槽的内容。

然而，如果希望更明确一些，仍然可以在一个<template>中包裹默认命名插槽的内容：

```
<page-layout>
    <template v-slot:header>
        <h1>这里有一个页面标题</h1>
    </template>
    <template v-slot:default>
        <p>这里有一段主要内容</p>
        <p>和另一个主要内容</p>
    </template>
    <template v-slot:footer>
        <<p>这是一些联系方式</p>
    </template>
```

```
</page-layout>
```

上面两种写法都会渲染出如下代码：

```
<div class="container">
    <header>
        <h3>这里有一个页面标题</h3>
    </header>
    <main>
        <p>这里有一段主要内容</p>
        <p>和另一个主要内容</p>
    </main>
    <footer>
        <p>这是一些联系方式</p>
    </footer>
</div>
```

【例 8.11】(实例文件：ch08\8.11.html)命名插槽。

```
<div id="app">
    <page-layout>
        <template v-slot:header>
            <h2 align='center'>题秋江独钓图</h2>
        </template>
        <template v-slot:main>
            <h3>一蓑一笠一扁舟，一丈丝纶一寸钩。</h3>
            <h3>一曲高歌一樽酒，一人独钓一江秋。</h3>
        </template>
        <template v-slot:footer>
            <p align='right'>古诗欣赏</p>
        </template>
    </page-layout>
</div>
<!--引入 vue 文件-->
<script src="https://unpkg.com/vue@3/dist/vue.global.js"></script>
<script>
    //创建一个应用程序实例
    const vm= Vue.createApp({ });
    vm.component('page-layout', {
        template:'
        <div class="container">
            <header>
                <slot name="header"></slot>
            </header>
            <main>
                <slot name="main"></slot>
            </main>
            <footer>
                <slot name="footer"></slot>
            </footer>
        </div>
        '
    });
    //在指定的 DOM 元素上装载应用程序实例的根组件
    vm.mount('#app');
</script>
```

运行上述程序，效果如图 8-13 所示。

图 8-13 命名插槽

与 v-on 和 v-bind 一样，v-slot 也有缩写，即把参数之前的所有内容(v-slot:)替换为字符#。例如：

```
<page-layout>
    <template #header>
        <h1>这里有一个页面标题</h1>
    </template>
    <template #main>
        <p>这里有一段主要内容</p>
        <p>和另一个主要内容</p>
    </template>
    <template #footer>
        <<p>这是一些联系方式</p>
    </template>
</page-layout>
```

8.5.5 作用域插槽

在父级作用域下，在插槽的内容中是无法访问到子组件的数据属性的，但有时候需要在父级的插槽内容中访问子组件的属性，我们可以在子组件的<slot>元素上使用 v-bind 指令绑定一个 prop 属性。看下面的组件代码：

```
vm.component('page-layout', {
    data:function(){
        return{
            info:{
                name:'冰箱',
                price:6800,
```

```
            city:"上海"
        }
    }
},
template:'
    <button>
        <slot v-bind:values="info">
            {{info.name}}
        </slot>
    </button>
'
});
```

这个按钮可以显示 info 对象中的任意一个，为了让父组件可以访问 info 对象，在
<slot>元素上使用 v-bind 指令绑定一个 values 属性，称为插槽 prop，这个 prop 不需要在
props 选项中声明。

在父级作用域下使用该组件时，可以给 v-slot 指令一个值来定义组件提供的插槽 prop
的名字。代码如下：

```
<page-layout>
    <template v-slot:default="slotProps">
        {{slotProps.values.name}}
    </template>
</page-layout>
```

因为<page-layout>组件内的插槽是默认插槽，所以这里使用其默认的名字 default，然
后给出一个名字 slotProps，这个名字可以随便取，代表的是包含组件内所有插槽 prop 的一
个对象，然后就可以在父组件中利用这个对象访问子组件的插槽 prop，prop 是绑定到 info
数据属性上的，所以可以进一步访问 info 的内容。

【例 8.12】(实例文件：ch08\8.12.html)访问插槽的内容。

```
<div id="app">
    <page-layout>
        <template v-slot:default="slotProps">
            {{slotProps.values.class}}
        </template>
    </page-layout>
</div>
<!--引入 vue 文件-->
<script src="https://unpkg.com/vue@3/dist/vue.global.js"></script>
<script>
    //创建一个应用程序实例
     const vm= Vue.createApp({ });
    vm.component('page-layout', {
        data:function(){
            return{
                info:{
                    name:'张三丰',
                    age:16,
                    class:"6 班"
                }
            }
        },
        template:'
            <button>
                <slot v-bind:values="info">
```

```
              {{info.class}}
          </slot>
      </button>
    '
  });
  //在指定的 DOM 元素上装载应用程序实例的根组件
   vm.mount('#app');
</script>
```

运行上述程序，效果如图 8-14 所示。

图 8-14　作用域插槽效果

8.5.6　解构插槽 prop

作用域插槽的内部工作原理是将插槽内容传入到函数的单个参数里：

```
function (slotProps) {
    // 插槽内容
}
```

这意味着 v-slot 的值实际上可以是任何能够作为函数定义中的参数的 JavaScript 表达式。所以在支持的环境下(单文件组件或现代浏览器)，也可以使用 ES6 解构来传入具体的插槽 prop，例如：

```
<current-verse v-slot="{ verse }">
   {{ verse.firstContent }}
</current-user>
```

这样可以使模板更简洁，尤其是在该插槽提供了多个 prop 的时候。它同样开启了 prop 重命名等其他可能，例如，将 verse 重命名为 poetry：

```
<current-verse v-slot="{ verse: poetry }">
   {{ poetry.firstContent }}
</current-verse>
```

甚至可以定义默认的内容，用于插槽 prop 是 undefined 的情形：

```
<current-verse v-slot="{ verser = { firstContent: '古诗' } }">
   {{ verse.Content}}
</current-verser>
```

【例 8.13】(实例文件：ch08\8.13.html)解构插槽 prop。

```
<div id="app">
   <current-verse>
      <template v-slot="{verse:poetry}">
         {{poetry.firstContent }}
      </template>
   </current-verse>
</div>
```

```
<!--引入 vue 文件-->
<script src="https://unpkg.com/vue@3/dist/vue.global.js"></script>
<script>
    //创建一个应用程序实例
    const vm= Vue.createApp({ });
    vm.component('currentVerse', {
        template: ' <span><slot :verse="verse">{{ verse.lastContent }}
            </slot></span>',
        data:function(){
            return {
                verse: {
                    firstContent: '若似月轮终皎洁,不辞冰雪为卿热。',
                    secondContent: '卧看满天云不动,不知云与我俱东。'
                }
            }
        }
    });
    //在指定的 DOM 元素上装载应用程序实例的根组件
    vm.mount('#app');
</script>
```

运行上述程序,效果如图 8-15 所示。

图 8-15 解构插槽 prop

8.6 综合案例——设计商城轮播效果图

本案例是一个商城轮播效果图。主要实现的功能是使用左、右图标箭头切换图片。

在 HTML 页面中引入 my-component 组件,主要内容都是在该组件中完成的。代码如下:

```
<!DOCTYPE html>
<html>
<head>
    <meta charset="UTF-8">
    <meta name="viewport" content="width=device-width, initial-scale=1.0">
</head>
<body>
<div id="app">
    <!--使用 my-component 组件-->
    <my-component></my-component>
</div>
<!--引入 vue 文件-->
<script src="https://unpkg.com/vue@3/dist/vue.global.js"></script>
<script>
    //创建一个应用程序实例
```

```
        const vm= Vue.createApp({});
     vm.component('my-component', {
        data(){
          return{
            currentImageIndex: 0,
      images: [
       '1.jpg',
       '2.jpg',
       '3.jpg',
      ]
           }
        },
computed: {
   currentSlide() {
     return this.images[this.currentImageIndex];
   },
 },
 methods: {
   previousSlide() {
     if (this.currentImageIndex === 0) {
       this.currentImageIndex = this.images.length - 1;
     } else {
       this.currentImageIndex--;
     }
   },
   nextSlide() {
     if (this.currentImageIndex === this.images.length - 1) {
       this.currentImageIndex = 0;
     } else {
       this.currentImageIndex++;
     }
   },
 },
     template: '
         <div class="carousel">
             <button @click="previousSlide">&lt;</button>
             <img :src="currentSlide" alt="Slider Image" />
             <button @click="nextSlide">&gt;</button>
         </div>'
     });
   //在指定的 DOM 元素上装载应用程序实例的根组件
   vm.mount('#app');
</script>
</body>
</html>
```

相应的样式代码如下：

```
<style>
.carousel {
 display: flex;
 justify-content: center;
 align-items: center;
 border: 1px solid #ccc;
 border-radius: 4px;
 padding: 0.5rem;
}
img {
 width: 500px;
 height: 250px;
 object-fit: cover;
```

```
}
button {
  border: none;
  background-color: #007aff;
  color: #fff;
  font-size: 1.5rem;
  padding: 0.5rem;
  border-radius: 50%;
  margin: 0 0.5rem;
  cursor: pointer;
}
button:hover {
  background-color: #005cff;
}
</style>
```

运行上述程序，效果如图 8-16 所示。

图 8-16　商城轮播效果

8.7　疑 难 解 惑

疑问 1：组件的通信方式有哪些？

组件的常见通信方式有以下几种。

(1) 父组件通过 prop 向子组件传递数据。

(2) 子组件通过自定义事件向父组件发起通知或进行数据传递。

(3) 子组件通过<slot>元素充当占位符，获取父组件发送的内容；也可以在子组件的
<slot>元素上使用 v-bind 指令绑定一个插槽 prop，向父组件提供数据。

疑问 2：如何设计多标签页面？

在页面应用程序中，经常需要设计多标签页面，在 Vue.js 中，可以通过动态组件来完
成。组件的动态切换是通过<component>元素上使用 is 属性来实现。

使用方法如下：

```
<component v-bind:is="新组件"></component>
```

第9章

组合 API

Vue.js 3.x 新增了组合 API，它是一组附加的、基于函数的 API，允许灵活地组合组件逻辑。本章将重点学习组件和组合 API 的使用方法和技巧。

9.1 为什么要引入组合 API

通过创建 Vue.js 组件，可以将接口的可重复部分及其功能提取到可重用的代码段中，从而提高应用程序的可维护性和灵活性。随着应用程序越来越复杂，拥有几百个组件的应用程序，仅仅依靠组件很难满足共享和重用代码的需求。

用组件的选项(data、computed、methods、watch)组织逻辑在大多数情况下都有效。然而，当组件变得更大时，逻辑关注点的列表也会增长。这样会导致组件难以阅读和理解，尤其是对于那些一开始就没有编写这些组件的人来说，这种碎片化使理解和维护复杂组件变得困难，选项的分离掩盖了潜在的逻辑问题。此外，在处理单个逻辑关注点时，用户必须不断地"跳转"相关代码的选项块。如何才能将同一个逻辑关注点相关的代码配置在一起呢？这正是组合 API 要解决的问题。

Vue.js 3.x 中新增的组合 API 为用户组织组件代码提供了更大的灵活性。现在，可以将代码编写成函数，每个函数处理一个特定的功能，而不再需要按选项组织代码了。组合 API 还使得在组件之间甚至外部组件之间提取和重用逻辑变得更加简单。

组合 API 可以和 TypeScript 更好地集成，因为组合 API 是一套基于函数的 API。同时，组合 API 也可以和现有的基于选项的 API 一起使用。需要特别注意的是，组合 API 会在选项(data、computed 和 methods)之前解析，所以组合 API 是无法访问这些选项中定义的属性的。

9.2 setup()函数

setup()函数是一个新的组件选项，它是组件内部使用组合 API 的入口点。新的 setup 组件选项在创建组件之前执行，一旦 props 被解析，就充当合成 API 的入口点。对于组件的生命周期钩子，setup()函数在 beforeCreate 钩子之前调用。

setup()是一个接受 props 和 context 的函数，而且接受的 props 对象是响应式的，在组件外部传入新的 prop 值时，props 对象会更新，可以调用相应的方法监听该对象并对修改作出响应。其用法如下所示。

【例 9.1】(实例文件：ch09\9.1.html)使用 setup()函数。

```
<div id="app">
    <post-item :post-content="content"></post-item>
</div>
<!--引入vue文件-->
<script src="https://unpkg.com/vue@3/dist/vue.global.js"></script>
<script>
    //创建一个应用程序实例
    const vm= Vue.createApp({
            data(){
                return {
                    content: '晓镜但愁云鬓改，夜吟应觉月光寒。'
                }
            }
    });
    vm.component('PostItem', {
            //声明props
            props: ['postContent'],
            setup(props){
                Vue.watchEffect(() => {
                    console.log(props.postContent);
                })
            },
            template: '<h3>{{ postContent }}</h3>'
        });
    //在指定的DOM元素上装载应用程序实例的根组件
    vm.mount('#app');
</script>
```

运行上述程序，效果如图 9-1 所示。

图 9-1 使用 setup()函数

9.3 响应式 API

Vue.js 3.x 的核心功能主要是通过响应式 API 实现的，组合 API 将它们公开为独立的函数。

9.3.1　reactive()方法和 watchEffect()方法

下面代码中给出了 Vue.js 3.x 中响应式对象的例子：

```
setup(){
   const name = ref('test')
   const state = reactive({
      list: []
   })
   return {
      name,
      state
   }
}
```

Vue.js 3.x 提供了一种创建响应式对象的方法 reactive()，其内部就是利用 Proxy API 来实现的，特别是借助 handler 的 set 方法，可以实现双向数据绑定相关的逻辑，这相对于 Vue 2.x 中的 Object.defineProperty()有很大的改变。

（1）Object.defineProperty()只能单一地监听已有属性的修改或者变化，无法检测到对象属性的新增或删除，而 Proxy 则可以轻松实现。

（2）Object.defineProperty()无法监听属性值是数组类型的变化，而 Proxy 则可以轻松实现。

例如，监听数组的变化：

```
let arr = [1]
let handler = {
   set:(obj,key,value)=>{
      console.log('set')
      return Reflect.set(obj, key, value);
   }
}

let p = new Proxy(arr,handler)
p.push(2)
```

watchEffect()方法类似于 Vue 2.x 中的 watch 选项，该方法接受一个函数作为参数，会立即运行该函数，同时响应式地跟踪其依赖项，并在依赖项发生修改时重新运行该函数。

【例 9.2】(实例文件：ch09\9.2.html)使用 reactive()方法和 watchEffect()方法。

```
<div id="app">
   <post-item :post-content="content"></post-item>
</div>
<!--引入 vue 文件-->
<script src="https://unpkg.com/vue@3/dist/vue.global.js"></script>
<script>
   const {reactive, watchEffect} = Vue;
   const state = reactive({
      count: 0
   });
   watchEffect(() => {
      document.body.innerHTML = '本季度销售金额：${state.count}万元。'
   })
</script>
```

运行上述程序，效果如图 9-2 所示。按 F12 快捷键打开控制台并切换到 Console 选项卡，输入"state.count=666"后按 Enter 键，效果如图 9-3 所示。

图 9-2　初始状态　　　　　　　　　　　　　图 9-3　响应式对象的依赖跟踪

9.3.2　ref()方法

reactive()方法为一个 JavaScript 对象创建响应式代理。如果需要对一个原始值创建一个响应式代理对象，可以通过 ref()方法来实现，该方法接受一个原始值，返回一个响应式和可变的响应式对象。ref()方法的用法如下所示。

【例 9.3】(实例文件：ch09\9.3.html)使用 ref()方法。

```html
<div id="app">
   <post-item :post-content="content"></post-item>
</div>
<!--引入 vue 文件-->
<script src="https://unpkg.com/vue@3/dist/vue.global.js"></script>
<script>
   const {ref, watchEffect} = Vue;
   const state = ref(0)
   watchEffect(() => {
       document.body.innerHTML = '本季度销售金额：${state.value}万元。'
   })
</script>
```

运行上述程序，按 F12 快捷键打开控制台并切换到 Console 选项卡，输入"state.value = 1234"后按 Enter 键，效果如图 9-4 所示。这里需要修改 state.value 的值，而不是直接修改 state 对象。

图 9-4　使用 ref()方法

9.3.3　readonly()方法

有时候仅仅需要跟踪响应对象，而不希望应用程序对该对象进行修改。此时可以通过 readonly()方法为原始对象创建一个只读属性，从而防止该对象被修改，这提升了程序的安全性。例如：

```
import {readonly} from 'vue'
export default {
  name: 'App',
  setup() {
    // readonly:用于创建一个只读的数据，并且是递归只读
    let state = readonly({name:'洗衣机', attr:{price:6800.88, num: 12000}});
    function myFn() {
      state.name = '冰箱';
      state.attr.price = 9988.99;
      state.attr.num = 18000;
      console.log(state); //数据并没有变化
    }
    return {state, myFn};
  }
}
```

9.3.4　computed()方法

computed()方法主要用来创建依赖于其他状态的计算属性，该方法接受一个 getter 函数，并根据 getter 函数的返回值返回一个不可变的响应式对象。computed()方法的用法如下。

【例 9.4】(实例文件：ch09\9.4.html)使用 computed()方法。

```
<div id="app">
    <p>原始字符串: {{ message }}</p>
    <p>反转字符串: {{ reversedMessage }}</p>
</div>
<script src="https://unpkg.com/vue@3/dist/vue.global.js"></script>
<script>
  const {ref, computed} = Vue;
    const vm = Vue.createApp({
        setup(){
          const message = ref('不知江月待何人，但见长江送流水。');
          const reversedMessage = computed(() =>
            message.value.split('').reverse().join('')
          );
          return {
            message,
            reversedMessage
          }
        }
    }).mount('#app');
</script>
```

运行上述程序，结果如图 9-5 所示。

图 9-5 使用 computed()方法

9.3.5 watch()方法

watch()方法需要监听特定的数据源，并在单独的回调函数中应用。当被监听的数据源发生变化时，才会调用回调函数。

例如，下面的代码监听普通类型的对象：

```
let count = ref(1);
const changeCount = () => {
    count.value+=1
};
watch(count, (newValue, oldValue) => { //直接监听
    console.log("count 发生了变化! ");
});
```

watch()方法还可以监听响应式对象：

```
let goods = reactive({
    name: "洗衣机",
    price: 6800,
});
const changeGoodsName = () => {
    goods.name = "电视机";
};
watch(()=>goods.name,()=>{//通过一个函数返回要监听的属性
    console.log('商品的名称发生了变化! ')
})
```

在 Vue 2.x 中，watch 可以监听多个数据源，并且执行不同的函数。在 Vue.js 3.x 中，同理也能实现相同的情景，通过多个 watch 来实现，但在 Vue 2.x 中，只能存在一个 watch。

例如，在 Vue.js 3.x 中监听多个数据源：

```
watch(count, () => {
console.log("count 发生了变化! ");
});
watch(
    () => goods.name,
    () => {
        console.log("商品的名称发生了变化! ");
    }
);
```

在 Vue.js 3.x 中，监听器可以使用数组同时监听多个数据源。例如：

```
watch([() => goods.name, count], ([name, count], [preName, preCount]) => {
    console.log("count 或 goods.name 发生了变化! ");
});
```

9.4　综合案例——开发待办事项功能

本案例是一个简单的待办事项功能开发。其中使用了 Vue.js 3.x 组合 API 的具体特性如下。

(1)　基于响应式数据开发，使用 ref()方法和 reactive()方法创建响应式数据。

(2)　在 setup()函数中使用 return 将数据和函数提供给模板使用。

(3)　使用事件监听器和方法来添加、删除列表项，并更新列表的展示。

【例 9.5】(实例文件：ch09\9.5.html)开发待办事项功能。

```
<div id="app">
    <h1>{{ title }}</h1>
    <ul>
     <li v-for="item in itemList" :key="item.id">
       {{ item.text }}
       <button @click="deleteItem(item.id)">删除</button>
     </li>
    </ul>
    <form @submit.prevent="addItem">
     <input type="text" v-model="newItem" />
     <button type="submit">添加</button>
    </form>
</div>
<!--引入 vue 文件-->
<script src="https://unpkg.com/vue@3/dist/vue.global.js"></script>
<script>
   const vm= Vue.createApp({
 setup() {
   const itemList = Vue.reactive([
     { id: 1, text: '采购办公商品' },
     { id: 2, text: '到北京出差' },
     { id: 3, text: '拜访工程师' },
   ])
   const newItem = Vue.ref('')
   const title = Vue.ref('本周待办事项')
   const addItem = () => {
     if (newItem.value) {
       itemList.push({ id: itemList.length + 1, text: newItem.value })
       newItem.value = ''
     }
   }
   const deleteItem = (id) => {
     const index = itemList.findIndex((item) => item.id === id)
     if (index !== -1) {
       itemList.splice(index, 1)
     }
   }
   return {
     itemList,
     newItem,
     title,
```

```
        addItem,
        deleteItem,
    }
    }
    }).mount('#app');
</script>
</script>
```

其中该页面的样式代码如下：

```
<style>
li {
    margin: 0.5rem 0;
    list-style-type: none;
}
button {
    margin-left: 0.5rem;
}
form {
    margin-top: 1rem;
}
</style>
```

运行上述程序，结果如图 9-6 所示。单击"删除"按钮，即可删除对应的事项；在文本框中输入新的事项，单击"添加"按钮，即可添加新的事项。例如，这里删除"拜访工程师"事项，然后添加"开工作总结会"事项，结果如图 9-7 所示。

图 9-6　开发待办事项功能

图 9-7　修改待办事项

9.5　疑 难 解 惑

疑问 1：何时使用 **ref()方法**和 **reactive()方法**？

ref()方法用于创建一个基本数据类型的响应式数据，而 reactive()方法则可用于创建一个包含多个数据属性的对象或数组，且这些属性可相互关联，响应式变化。一般来说，如果只需要单个基本数据类型的响应式数据，使用 ref()方法，如果需要多个数据属性相互响应，则使用 reactive()方法。

疑问 2：组合 **API** 中是否可以使用 **Vue.js 2.x** 中的生命周期钩子？

在 Vue.js 3.x 中，生命周期钩子被移除了，组合 API 中建议不要使用生命周期钩子。如果组件需要做某些操作，可以使用 watch()和 effect()等函数来解决。

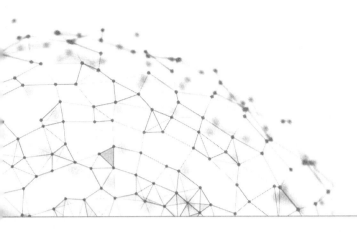

第10章

项目脚手架 vue-cli 和 Vite

vue-cli 是一个官方发布的 Vue.js 项目脚手架，使用 vue-cli 可以快速地创建 Vue.js 项目，Vite 是 Vue.js 的作者尤雨溪开发的 Web 开发构建工具，跳过打包这个操作，服务器随启随用。本章将从实际开发的角度出发，分别介绍项目脚手架 vue-cli 和 Vite 搭建项目的过程及应用技巧。

10.1　脚手架的组件

脚手架致力于将 Vue.js 生态中的工具基础标准化。它确保各种构建工具能够基于智能的默认配置即可平稳衔接，这样可以专注在撰写应用上，而不必花费好几天时间去纠结配置的问题。与此同时，它也为每个工具提供了调整配置的灵活性，无须 eject。

Vue-cli 有几个独立的部分——如果了解过 Vue.js 的源代码，就会发现这个仓库里同时管理了多个单独发布的包。

1. CLI 定义

CLI(@vue/cli)是一个全局安装的 NPM 包，提供了终端里的 Vue 命令。它可以通过 vue create 命令快速创建一个新项目的脚手架，也可以使用 vue ui 命令，通过一套图形化界面管理你的所有项目。

2. CLI 服务

CLI 服务(@vue/cli-service)是一个开发环境依赖。它是一个 NPM 包，局部安装在每个 @vue/cli 创建的项目中。

CLI 服务是构建于 webpack 和 webpack-dev-server 之上的，它包含以下内容。

（1）加载其他 CLI 插件的核心服务。

（2）一个针对绝大部分应用优化过的内部的 webpack 配置。

（3）项目内部的 vue-cli-service 命令，提供 serve、build 和 inspect 命令。

（4）如果熟悉 create-react-app，@vue/cli-service 实际上大致等价于 react-scripts，尽管功能集合不一样。

3. CLI 插件

CLI 插件是向 Vue 项目提供可选功能的 NPM 包，如 Babel/TypeScript 转译、ESLint 集成、单元测试和 end-to-end 测试等。vue-cli 插件的名字以@vue/cli-plugin-(内建插件)或 vue-cli-plugin- (社区插件)开头，很容易使用。在项目内部运行 vue-cli-service 命令时，它会自动解析并加载 package.json 中列出的所有 CLI 插件。

插件可以作为项目创建过程的一部分，或在后期加入项目中。它们也可以被归类成一组可复用的 preset。

10.2 脚手架环境搭建

新版本的脚手架包名称由 vue-cli 改成了@vue/cli。如果已经全局安装了旧版本的 vue-cli(1.x 或 2.x)，需要先通过 npm uninstall vue-cli -g 或 yarn global remove vue-cli 命令卸载它。Vue-cli 需要安装 Node.js。

(1) 在浏览器中打开 Node.js 官网 https://nodejs.org/en/，如图 10-1 所示，下载推荐版本。

(2) 文件下载完成后，双击安装文件，进入欢迎界面，如图 10-2 所示。

图 10-1 Node 官网

图 10-2 Node.js 安装欢迎界面

(3) 单击 Next 按钮，进入许可协议界面，选中 I accept the terms in the License Agreement 复选框，如图 10-3 所示。

(4) 单击 Next 按钮，进入设置安装路径界面，如图 10-4 所示。

图 10-3 许可协议界面

图 10-4 设置安装路径界面

（5）单击 Next 按钮，进入自定义设置界面，如图 10-5 所示。

（6）单击 Next 按钮，进入本机模块设置工具界面，如图 10-6 所示。

图 10-5　自定义设置界面

图 10-6　本机模块设置工具界面

（7）单击 Next 按钮，进入准备安装界面，如图 10-7 所示。

（8）单击 Install 按钮，开始安装并显示安装的进度，如图 10-8 所示。

图 10-7　准备安装界面

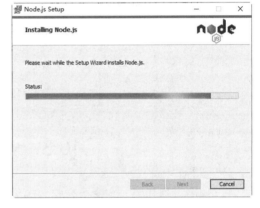

图 10-8　显示安装的进度

（9）安装完成后，单击 Finish 按钮，如图 10-9 所示。

图 10-9　完成软件的安装

安装完成后，需要检测是否安装成功。具体操作步骤如下。

（1）打开 DOS 系统窗口。按 Win+R 组合键，打开"运行"对话框，然后在其中输入

"cmd"，如图 10-10 所示。

(2) 单击"确定"按钮，即可打开 DOS 系统窗口，输入"node -v"，然后按 Enter 键，如果出现 Node 对应的版本号，则说明安装成功，如图 10-11 所示。

图 10-10　"运行"对话框

图 10-11　检查 Node 版本

提示

因为 node.js 已经自带 NPM(包管理工具)，直接在命令提示符窗口中输入"npm -v"来检验其版本，如图 10-12 所示。

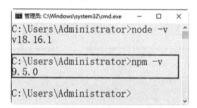

图 10-12　检查 NPM 版本

10.3　安装脚手架

可以使用下列其中一个命令来安装脚手架：

```
npm install -g @vue/cli
```

或者

```
yarn global add @vue/cli
```

这里执行 npm install -g @vue/cli 命令来安装。在窗口中输入命令，并按 Enter 键，即可进行安装，如图 10-13 所示。

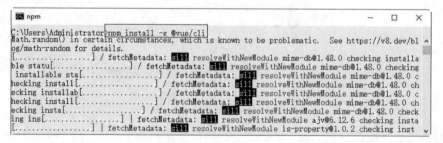

图 10-13　安装脚手架

安装完成之后，可以执行 vue --version 命令来检查脚手架的版本是否正确，如图 10-14 所示。

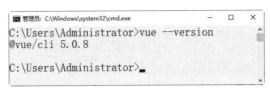

图 10-14　检查脚手架版本

10.4　创　建　项　目

脚手架的环境配置完成后，下面来讲解使用脚手架快速创建项目的方法。

10.4.1　使用命令创建项目

首先，打开创建项目的路径，例如，在 D 盘创建项目，项目名称为 mydemo。具体操作步骤如下。

(1) 打开 DOS 系统窗口，输入"D:"，按 Enter 键进入 D 盘，如图 10-15 所示。

(2) 在 D 盘创建 mydemo 项目。在 DOS 系统窗口中输入"vue create mydemo"，按 Enter 键。紧接着会提示配置方式，包括 Vue.js 3.x 默认配置、Vue 2.x 默认配置和手动配置，使用方向键选择第一个选项，如图 10-16 所示。

图 10-15　进入项目路径

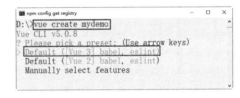

图 10-16　选择配置方式

(3) 这里选择 Vue.js 3.x 默认配置，直接按 Enter 键，即可创建 mydemo 项目，并显示创建的过程，如图 10-17 所示。

(4) 项目创建完成后，如图 10-18 所示。

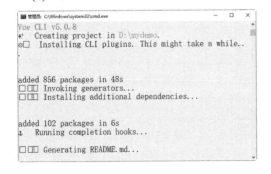

图 10-17　创建 mydemo 项目

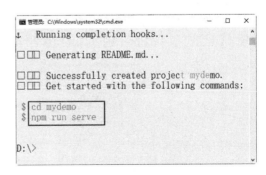

图 10-18　项目创建完成

(5) 这时可在 D 盘上看见创建的项目文件夹，如图 10-19 所示。

(6) 项目创建完成后，可以启动项目。紧接着上面的步骤，执行 cd mydemo 命令进入项目，然后使用脚手架提供的 npm run serve 命令启动项目，如图 10-20 所示。

图 10-19　创建的项目文件夹

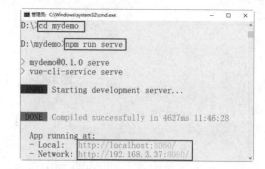

图 10-20　启动项目

(7) 项目启动成功后，会提供本地的测试域名，只需要在浏览器地址栏中输入"http://localhost:8080/"，即可打开项目，如图 10-21 所示。

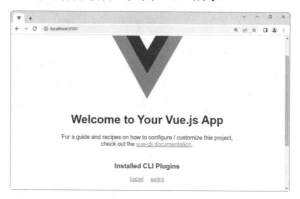

图 10-21　在浏览器中打开项目

10.4.2　使用图形化界面创建项目

除了可以使用命令创建项目外，还可以通过 vue ui 命令，以图形化界面创建和管理项目。比如，这里创建名称为"myapp"的项目。具体操作步骤如下。

(1) 打开 DOS 系统窗口，输入"d:"，按 Enter 键，进入 D 盘根目录。然后在窗口中输入"vue ui"，按 Enter 键，如图 10-22 所示。

图 10-22　启动图形化界面

(2) 在本地默认的浏览器中打开图形化界面，如图 10-23 所示。

(3) 在图形化界面中单击"创建"按钮，将显示创建项目的路径，如图 10-24 所示。

图 10-23　默认浏览器中打开图形化界面

图 10-24　单击"创建"按钮

（4）单击"在此创建新项目"按钮，弹出"创建新项目"界面，输入项目的名称"myapp"，在详情选项中，根据需要进行选择，如图 10-25 所示。

（5）单击"下一步"按钮，将展示预设选项，如图 10-26 所示。根据需要选择一套预设即可，这里选择第一项预设方案。

图 10-25　详情选项配置

图 10-26　预设选项配置

（6）单击"创建项目"按钮，创建项目，如图 10-27 所示。

图 10-27　开始创建项目

（7）项目创建完成后，在 D 盘下即可看到 myapp 文件夹。浏览器中将显示如图 10-28～图 10-32 所示的界面，分别是：项目仪表盘界面、插件界面、项目依赖界面、项目配置界面和任务界面。

图 10-28　项目仪表盘界面

图 10-29　插件配置界面

图 10-30　项目依赖配置界面

图 10-31　项目配置界面

图 10-32　任务界面

10.5　分析项目结构

打开 mydemo 文件夹，目录结构如图 10-33 所示。

图 10-33　项目目录结构

项目目录下的文件夹和文件的用途说明如下。

(1) node_modules 文件夹：项目依赖的模块。

(2) public 文件夹：该目录下的文件不会被 webpack 编译压缩处理，这里会存放引用的第三方库的 JS 文件。

(3) src 文件夹：项目的主目录。

(4) .gitignore：配置在 git 提交项目代码时忽略哪些文件或文件夹。

(5) babel.config.js：Babel 使用的配置文件。

(6) package.json：npm 的配置文件，其中设定了脚本和项目依赖的库。

(7) package-lock.json：用于锁定项目实际安装的各个 npm 包的具体来源和版本号。

(8) README.md：项目说明文件。

下面分析几个关键的文件代码。src 文件夹下的 App.vue 文件和 main.js 文件、public 文件夹下的 index.html 文件。

1. App.vue 文件

App.vue 文件是一个单文件组件，包含了组件代码、模板代码和 CSS 样式规则。这里引入了 HelloWorld 组件，然后在 template 中使用它。具体代码如下：

```
<template>
    <img alt="Vue logo" src="./assets/logo.png">
    <HelloWorld msg="Welcome to Your Vue.js App"/>
</template>
<script>
import HelloWorld from './components/HelloWorld.vue'
export default {
    name: 'App',
    components: {
        HelloWorld
    }
}
</script>
<style>
#app {
    font-family: Avenir, Helvetica, Arial, sans-serif;
    -webkit-font-smoothing: antialiased;
    -moz-osx-font-smoothing: grayscale;
    text-align: center;
    color: #2c3e50;
    margin-top: 60px;
}
</style>
```

2. main.js 文件

main.js 文件是程序入口的 JavaScript 文件，主要用于加载各种公共组件和项目需要用到的插件，并创建 Vue 的根实例。具体代码如下：

```
import { createApp } from 'vue'  //Vue.js 3.x 中新增的 Tree-shaking 支持
import App from './App.vue'      //导入 App 组件

createApp(App).mount('#app')          //创建应用程序实例,加载应用程序实例的根组件
```

3. index.html 文件

index.html 文件为项目的主文件,这里包含一个 id 为 app 的 div 元素,组件实例会自动挂载到该元素上。具体代码如下:

```html
<!DOCTYPE html>
<html lang="">
<head>
    <meta charset="utf-8">
    <meta http-equiv="X-UA-Compatible" content="IE=edge">
    <meta name="viewport" content="width=device-width,initial-scale=1.0">
    <link rel="icon" href="<%= BASE_URL %>favicon.ico">
    <title><%= htmlWebpackPlugin.options.title %></title>
</head>
<body>
    <noscript>
      <strong>We're sorry but <%= htmlWebpackPlugin.options.title %> doesn't
          work properly without JavaScript enabled. Please enable it to
          continue.</strong>
    </noscript>
    <div id="app"></div>
    <!-- built files will be auto injected -->
</body>
</html>
```

10.6　构建工具 Vite

Vite 是一个基于浏览器原生 ES 模块导入的开发服务器,其在开发环境下,利用浏览器解析 import,在服务器端按需编译返回,完全跳过打包操作,服务器随启随用。可见,Vite 专注于提供一个快速的开发服务器和基本的构建工具。

不过,需要特别注意的是,Vite 是 Vue.js 3.x 新开发的构建工具,目前仅仅支持 Vue.js 3.x,所以与 Vue.js 3.x 不兼容的库也不能与 Vite 一起使用。

Vite 提供了 npm 和 yarm 两种命令方式创建项目。

例如,执行 npm 命令创建项目 myapp:

```
npm init vite-app myapp
cd myapp
npm install
npm run dev
```

执行过程如图 10-34 所示。

项目启动成功后,会提供本地的测试域名,只需要在浏览器地址栏中输入"http://localhost:3000/",即可打开项目,如图 10-35 所示。

图 10-34　使用 npm 命令创建项目 myapp　　　　　图 10-35　　在浏览器中打开项目

使用 Vite 生成的项目结构及其含义如下：

```
|-node_modules            -- 项目依赖包的目录
|-public                  -- 项目公用文件
  |--favicon.ico          -- 网站地址栏前面的小图标
|-src                     -- 源文件目录、程序员主要工作的地方
  |-assets                -- 静态文件目录、图片图标，比如网站 logo
  |-components            -- Vue 3.x 的自定义组件目录
  |--App.vue              -- 项目的根组件，单页应用都需要
  |--index.css            -- 一般项目的通用 CSS 样式写在这里，main.js 引入
  |--main.js              -- 项目入口文件，SPA 单页应用都需要入口文件
|--.gitignore             -- git 的管理配置文件，设置哪些目录或文件不管理
|-- index.html            -- 项目的默认首页，Vue 的组件需要挂载到这个文件上
|-- package-lock.json     --项目包的锁定文件，用于防止包版本不一样导致的错误
|-- package.json          -- 项目配置文件，包管理、项目名称、版本和命令
```

其中，配置文件 package.json 的代码如下：

```
{
    "name": "myapp",
    "version": "0.0.0",
    "scripts": {
      "dev": "vite",
      "build": "vite build"
    },
    "dependencies": {
      "vue": "^3.0.4"
    },
    "devDependencies": {
      "vite": "^1.0.0-rc.13",
      "@vue/compiler-sfc": "^3.0.4"
    }
}
```

如果需要构建生产环境下的发布版本，则只需要在终端窗口执行以下命令：

```
npm run build
```

如果使用 yarn 命令创建项目 myapp，则依次执行以下命令：

```
yarn create vite-app myapp
cd myapp
yarn
yarn dev
```

10.7　疑　难　解　惑

疑问 1：如何解决使用脚手架时出现的问题？

使用脚手架的常见问题和解决方法如下。

（1）安装依赖时出现错误。在使用 npm 或 yarn 安装项目依赖时，可能会遇到一些错误，比如网络问题、权限问题或者依赖包版本冲突等。解决此问题的方法是确保网络连接正常，检查权限设置并确保按照正确的依赖版本进行安装。

（2）编译错误。在编译项目时，可能会收到一些错误信息，比如语法错误、模块丢失或文件路径错误等。解决此问题的方法是仔细检查错误信息，确保代码符合语法规范，检查并修复模块引入错误，并确保文件路径正确。

（3）Vue 2 和 Vue 3 的迁移问题。将 Vue 2.x 项目迁移至 Vue 3.x，可能会遇到一些兼容性问题，比如 API 的改变、组件的更新等。为了解决这些问题，可以查阅 Vue 3.x 官方文档中的迁移指南，并根据指南逐渐更新项目的代码。

（4）模块化问题。在 Vue 3.x 中，可以使用 ES 模块的方式来管理组件，但这可能需要一些配置或调整来使其与项目兼容。确保正确地导入和导出组件，并按照需要进行任何必要的配置更改。

（5）性能问题。Vue 3.x 带来了一些性能优化，不过项目出现性能问题，可能与项目的代码有关。优化 Vue 3.x 项目的性能可以包括减少不必要的组件更新、使用合适的数据结构来管理数据、使用动态组件等。确保仔细检查项目的代码，并按照 Vue 3.x 的最佳实践进行优化。

疑问 2：如何解决使用 Vite 时出现的问题？

Vite 是一个快速的现代前端构建工具，虽然它主要用于 Vue.js 项目，但也可以用于其他类型的前端项目。以下是一些常见的问题和解决方案。

（1）安装问题。在安装 Vite 时，可能会遇到依赖安装错误或者网络问题。解决此问题的方法是确保网络连接正常，并尝试使用代理或国内镜像源来安装。

（2）编译错误。在使用 Vite 构建项目时，可能会遇到一些编译错误，比如语法错误、依赖包丢失或者文件路径错误等。解决此问题的方法是仔细检查错误信息，并确保代码符合语法规范，检查并修复所需的依赖包，并确保文件路径正确。

（3）开发服务器问题。Vite 使用了一个快速的本地开发服务器，但有时候可能会出现一些问题，比如服务器崩溃或者无法自动刷新。解决此问题的方法是尝试重新启动开发服务器，或者检查代码中是否有导致服务器崩溃的问题，并确保浏览器缓存被正确清除。

（4）兼容性问题。由于 Vite 是一个新的构建工具，可能会与一些旧的依赖包或插件存在兼容性问题。解决此问题的方法是查阅 Vite 官方文档，了解关于兼容性的最新信息，并尝试更新依赖包或者寻找替代的解决方案。

（5）部署问题。在将项目部署到生产环境时，可能会遇到一些问题，比如构建失败或静态资源路径错误等。解决此问题的方法是确保正确配置构建命令，并仔细检查资源路径和环境变量设置等。

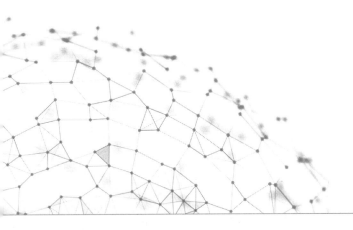

第11章

使用 webpack 打包

高效的开发离不开基础工程的搭建。本章主要介绍目前热门的 JavaScript 应用程序的模块打包工具 webpack。在学习本章之前，需要先安装 Node.js 和 NPM，如果不熟悉它们，可以先查阅相关资料，完成安装并了解 NPM 最基本的用法。

11.1 前端工程化与 webpack

近年来，前端领域发展迅速，前端的工作早已不再是切几张图那么简单，项目比较大时，可能会多人协同开发。模块化、组件化、CSS 预编译等概念也成了经常讨论的话题。

通常，前端自动化(半自动化)工程主要解决以下问题。

● JavaScript、CSS 代码的合并和压缩。

● CSS 预处理：Less、Sass、Stylus 的编译。

● 生成雪碧图(CSS Sprite)。

● ES6 转 ES5。

● 模块化。

如果使用过 Gulp，并且了解 RequireJS，那上面几个问题就很容易实现，只需配置几行代码，就可以实现对 JS 代码的合并与压缩。不过，经过 Gulp 合并压缩后的代码仍然是你写的代码，只是局部变量名被替换，一些语法做了转换而已，整体内容并没有发生变化。而本章要介绍的前端工程化工具 webpack，打包后的代码已经不只是你写的代码，其中夹杂了很多 webpack 自身的模块处理代码。因此，学习 webpack 最难理解的是"编译"这个概念。图 11-1 所示为经典的模块化示意图。

图 11-1 的左边是在业务中写的各种格式的文件，例如 typescript、less、jpg，还有本章后面要介绍的.vue 格式的文件。这些格式的文件通过特定的加载器(Loader)编译后，最终统一生成.js、.css、.png 等静态资源文件。在 webpack 的世界里，一张图片、一个 CSS 甚至一个字体，都称为模块(Module)，彼此存在依赖关系，webpack 是来处理模块间的依赖关系的，并把它们进行打包。

图 11-1　模块化示意图

举一个简单的例子，平时加载 CSS 大多通过<link>标签引入 CSS 文件，而在 webpack 里，直接在一个.js 文件中导入，例如：

```
import ' src/styles/index. css ';
```

import 是 ES 2015 的语法，这里也可以写成 require('src/styles/index.css')。在打包时，index.css 会被打包进一个.js 文件里，通过动态创建<style>的形式来加载 CSS 样式，当然也可以进一步配置，在打包编译时把所有的 CSS 都提取出来，生成一个 CSS 文件，后面会详细介绍。

webpack 的主要适用场景是单页面富应用(SPA)。SPA 通常由一个 HTML 文件和一堆按需加载的 JavaScript 组成，它的 HTML 结构可能会非常简单，例如：

```html
<!doctype html>
<html>
<head>
    <meta charset="UTF-8">
    <title></title>
    <link rel="stylesheet" href="dist/main.css">
</head>
<body>
<div id="app"></div>
<script src="dist/main.js"></script>
</body>
</html>
```

看起来很简单吧？只有一个<div>节点，所有的代码都集成在神奇的 main.js 文件中，但它可以实现像知乎、淘宝这样的大型项目。

在开始讲解 webpack 的用法前，先介绍两个在后面会大量使用的 ES6 中的语法 export 和 import。

export 和 import 是用来导出和导入模块的。一个模块就是一个 JS 文件，它拥有独立的作用域，里面定义的变量外部是无法获取的。如果将一个配置文件作为模块导出，示例代码如下：

```
//config.js
```

```
var Config={
   version:'1.0.0'
};
export{Config};
```

或:

```
//config.js
   export var Config={
      version:'1.0.0'
   };
```

其他类型(如函数、数组、常量等)也可以导出，例如导出一个函数:

```
//add.js
   export function add(a,b) {
      return a+b;
   }
```

模块导出后，在需要使用模块的文件中使用 import 再导入，就可以在这个文件内使用这些模块了。示例代码如下:

```
//main.js
   import {Config} from './config.js';
   import {add} from './add.js';
   console.log(Config);   //{ version:'1.0.0'}
   console.log(add(1,1));  //2
```

以上几个示例中，导入的模块名称都是在 export 的文件中设置的，也就是说，用户必须预先知道这个名称叫什么，如 Config、add。而有的时候，用户不想去了解名称是什么，只是把模块的功能拿来使用，或者想自定义名称，这时可以使用 export default 来输出默认的模块。示例代码如下:

```
//config.js
   export default{
      version:'1.0.0'
   }
   //add.js
   export default function (a,b){
      return a+b;
   }
   //main.js
   import conf from './config.js';
   import Add from './add.js';
   console.log(conf)  //{version:'1.0.0'}
   console.log(Add(1,1))  //2
```

如果使用 npm 安装了一些库，在 webpack 中可以直接导入，示例代码如下:

```
import Vue from 'vue';
import $ from 'jquery';
```

上面代码分别导入了 Vue.js 和 jQuery 的库，并且命名为 Vue 和$，在这个文件中就可以使用这两个模块。

11.2　webpack 基础配置

在使用 webpack 前，首先，需要进行一些环境配置。

11.2.1　使用 webpack 构建 Vue.js 3.x 项目

本节将从基础的 webpack 安装开始介绍，逐步完成对 Vue.js 工程的配置。在开始学习前，先确保已经安装了最新版的 Node.js 和 NPM，并已经了解 NPM 的基本用法。首先，创建一个目录，例如 demo，并使用 NPM 初始化配置：

```
npm init -y
```

上面命令中，参数 y 表示对 npm 要求提供的信息都自动按 Enter 键，表示接受默认值。

执行完成后，会在 demo 目录下生成一个 package.json 文件。

然后执行以下命令：

```
npm i -g typescript
tsc --init
```

下面手动创建项目的目录，如图 11-2 所示。

图 11-2　项目的目录

修改 package.json 脚本，代码如下：

```
"version": "1.0.0",
"description": "",
"main": "webpack.config.js",
"scripts": {
    "test": "echo \"Error: no test specified\" && exit 1",
    "dev": "webpack-dev-server",
    "build": "webpack"
},
"keywords": [],
"author": "",
"license": "ISC",
"dependencies": {
```

```
    "@vue/compiler-sfc": "^3.2.38",
    "clean-webpack-plugin": "^4.0.0",
    "html-webpack-plugin": "^5.5.0",
    "less": "^4.1.3",
    "less-loader": "^11.0.0",
    "ts-loader": "^9.3.1",
    "typescript": "^4.8.2",
    "vue": "^3.2.38",
    "vue-loader": "^17.0.0",
    "webpack": "^5.74.0",
    "webpack-cli": "^4.10.0",
    "webpack-dev-server": "^4.10.0"
  }
}
```

安装所有需要的依赖包，命令如下：

```
npm install
```

在 public 文件夹下创建 index.html，代码如下：

```html
<!DOCTYPE html>
<html>
<head>
  <meta charset="UTF-8">
  <meta http-equiv="X-UA-Compatible" content="IE=edge">
  <meta name="viewport" content="width=device-width, initial-scale=1.0">
  <title>Document</title>
</head>
<body>
  <div id="app"></div>
</body>
</html>
```

在 src 文件夹下创建 main.ts，代码如下：

```ts
import { createApp } from 'vue'
import App from './App.vue'
import './assets/main.less'
const app = createApp(App)
app.mount('#app')
```

在 src 文件夹下创建 App.vue，代码如下：

```vue
<template>
  <div>
    Hello, {{name}}
  </div>
</template>
<script setup lang="ts">
  import {ref} from 'vue'
  const name = ref<string>('webpack')
  console.log('name:', name)
</script>
```

在项目主目录下创建配置 vue 类型的声明文件 shims-vue.d.ts，代码如下：

```ts
declare module "*.vue" {
  import { DefineComponent } from "vue"
  const component: DefineComponent<{}, {}, any>
  export default component
}
```

在项目主目录下创建 webpack.config.js 文件，代码如下：

```
const { Configuration } = require('webpack')
const path = require('path')
const htmlWebpackPlugin = require('html-webpack-plugin')
const { CleanWebpackPlugin } = require('clean-webpack-plugin')
const { VueLoaderPlugin } = require('vue-loader/dist/index');
// const FriendlyErrorsWebpackPlugin = require("friendly-errors-webpack-plugin");
/**
 * @type {Configuration}                      //配置智能提示
 */
const config = {
    mode: "development",
    entry: './src/main.ts',                  //入口文件
    output: {
        filename: "[hash].js",
        path: path.resolve(__dirname, 'dist') //出口文件
    },
    module: {
        rules: [
            {
                test: /\.vue$/,              //解析 vue 模板
                use: "vue-loader"
            },
            {
                test: /\.less$/,             //解析 less
                use: ["style-loader", "css-loader", "less-loader"],
            },
            {
                test: /\.ts$/,               //解析 ts
                loader: "ts-loader",
                options: {
                    configFile: path.resolve(process.cwd(), 'tsconfig.json'),
                    appendTsSuffixTo: [/\.vue$/]
                },
            }
        ]
    },
    plugins: [
        new htmlWebpackPlugin({
            template: "./public/index.html"  //html 模板
        }),
        new CleanWebpackPlugin(),            //打包清空 dist
        new VueLoaderPlugin(),               //解析 vue
        // new FriendlyErrorsWebpackPlugin({
        //     compilationSuccessInfo:{      //美化样式
        //         messages:['You application is running here http://localhost:9001']
        //     }

        // })
    ],
    resolve: {
        alias: {
            "@": path.resolve(__dirname, './src')            // 别名
        },
        extensions: ['.js', '.json', '.vue', '.ts', '.tsx'] //识别后缀
    },
    stats:"errors-only",                                     //取消提示
    devServer: {
```

```
        proxy: {},
        port: 9001,
        hot: true,
        open: true,
    },
    externals: {
        // vue: "Vue"        //CDN 引入
    },
}
module.exports = config
```

这里的 module.exports=config;相当于 export default config;。由于目前还没有安装支持 ES6 的编译插件，因此不能直接使用 ES6 的语法，否则会报错。

在终端执行下面的命令，就会自动在浏览器中打开页面：

```
npm run dev
```

如果打开的页面和图 11-3 所示一致，那么就完成整个工程中最重要的一步了。

11.2.2 就是一个 JS 文件而已

下面我们来了解 webpack 的一些核心概念。归根到底，webpack 就是一个.js 配置文

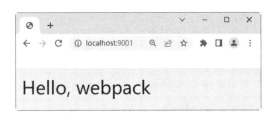

图 11-3 页面效果

件，项目架构好或坏都体现在这个配置里，随着需求的不断出现，工程配置也逐渐完善。我们由浅入深，一步步来支持更多的功能。

webpack 配置中最重要也是必选的两项是入口(Entry)和出口(Output)。入口的作用是告诉 webpack 从哪里开始寻找依赖，并且编译，出口则用来配置编译后的文件存储位置和文件名。

在 src 目录下的 main.ts 作为入口文件，在 webpack.config.js 中进行入口和输出的配置。

Entry 中的 main 就是我们配置的单入口，webpack 会从 main.ts 文件开始工作。Output 中 path 选项用来存放打包后文件的输出目录，是必填项。publicPath 指定资源文件引用的目录，如果资源存放在 CDN 上，这里可以填 CDN 的网址。filename 用于指定输出文件的名称。因此，这里配置的 Output 意为打包后的文件会存储为 demo/src/main.ts 文件，只要在 HTML 中引入它就可以了。public 文件夹下的 index.html 作为其入口。

11.2.3 逐步完善配置文件

通过配置入口和出口就可以启动 webpack 项目了，不过这并不是 webpack 的特点，如果它只有这些作用，根本就不用这么麻烦。本节将对文件 webpack.config.js 进一步配置，来实现更强大的功能。

在 webpack 的世界里，每个文件都是一个模块，比如.css、.js、.html、.jpg、.less 等。对于不同的模块，需要用不同的加载器(Loaders)来处理，而加载器就是 webpack 最重要的功能。通过安装不同的加载器可以对各种后缀名的文件进行处理，比如现在要写一些 CSS 样式，就要用到 style-loader 和 css-loader。下面通过 NPM 来安装它们：

```
npm install css-loader --save-dev
npm install style-loader --save-dev
```

安装完成后，在 webpack.config.js 文件里配置 Loader，增加对.css 文件的处理：

```
module: {
    rules: [
        {
            test: /\.less$/,            //解析 less
            use: ["style-loader", "css-loader", "less-loader"],
        },
    ]
},
```

在 module 对象的 rules 属性中可以指定一系列的 loaders，每一个 loader 都必须包含 test 和 use 两个选项。这段配置的意思是，当 webpack 编译过程中遇到 require()或 import 语句导入一个后缀名为.css 的文件时，先将它通过 css-loader 转换，再通过 style-loader 转换，然后继续打包。use 选项的值可以是数组或字符串，如果是数组，它的编译顺序就是从后往前。

在 src 目录下新建一个 style.css 文件，代码如下：

```
/*style.css*/
#app{
    font-size: 50px;          /*定义字体大小*/
    color: blue;              /*定义蓝色字体*/
}
```

在 main.ts 中导入 style.css，代码如下：

```
import './style.css';
```

此时，可以看到页面中的文字已经变成蓝色，并且字号也变大了，如图 11-4 所示。

图 11-4　页面效果

11.3　单文件组件与 vue-loader

回顾一下关于组件的内容，我们是如何创建并使用一个组件的。如果你曾练习过几个示例，肯定会觉得在字符串模板 template 选项里拼写字符串 DOM 非常费劲，尤其是用 "\" 换行。Vue.js 是一个渐进式的 JavaScript 框架，在使用 webpack 构建 Vue.js 项目时，可以使用一种新的构建模式：.vue 单文件组件。

顾名思义，.vue 单文件组件就是一个后缀名为.vue 的文件，在 webpack 中使用 vue-loader 就可以对.vue 格式的文件进行处理。

一个.vue 文件一般包含 3 部分，即<template>、<script>和<style>：

```
<template></template>
<script>
    export default {
        name: "demo"
    }
</script>
<style scoped></style>
```

在 component.vue 文件中，<template></template>之间的代码就是该组件的模板 HTML，<style></style>之间的代码是 CSS 样式，示例中的<style>标签使用了 scoped 属性，表示当前的 CSS 只在这个组件里有效，如果不加该属性，那么 div 的样式会应用到整个项目。<style>还可以结合 CSS 预编译一起使用，例如，使用 Less 处理可以写成<style lang='less'>。

使用.vue 文件需要先安装 vue-loader、vue-style-loader 等加载器并进行配置。因为要使用 ES6 语法，还需要安装 babel 和 babel-loader 等加载器。使用 npm 逐个安装以下依赖：

```
npm install --save vue
npm install --save-dev vue-loader
npm install --save-dev vue-style-loader
npm install --save-dev vue-template-compiler
npm install --save-dev vue-hot-reload-api
npm install --save-dev babel
npm install --save-dev babel-loader
npm install --save-dev babel-core
npm install --save-dev babel-plugin-transform-runtime
npm install --save-dev babel-preset-env
npm install --save-dev babel-runtime
```

安装完成后，修改配置文件 webpack.config.js 来支持对.vue 文件及 ES6 的解析。需要使用插件 VueLoaderPlugin 在 webpack.config.js 里用 const { VueLoaderPlugin } = require ('vue-loader/dist/index');引入；然后在 module.exports 对象里添加 plugins:[new VueLoaderPlugin()]。

vue-loader 在编译.vue 文件时，会对<template>、<script>和<style>分别进行处理，因此在 vue-loader 选项里多了一项 options 来进一步对不同语言进行配置。例如，在对 CSS 进行处理时，会先通过 css-loader 解析，然后把处理结果再交给 vue-style-loader 处理。当你的技术栈多样化时，可以给<template>、<script>和<style>指定不同的语言，如<template lang='jade'>和<style lang='less'>，然后配置 loaders 即可。

在 demo 目录下新建一个名为.babelrc 的文件，并写入 babel 的配置，webpack 会依赖此配置文件来使用 babel 编译 ES 6 代码：

```
{
    "presets":["env"],
    "plugins":["transform-runtime"],
    "comments":false
}
```

配置好这些后，就可以使用.vue 文件了。每个.vue 文件代表一个组件，组件之间可以相互依赖。

修改 App.vue 文件的内容如下：

```
<template>
    <div> Hello {{frame}}</div>
</template>
<script>
    export default {
        data(){
            return {
                frame:'Vue.js'
            }
        }
    }
</script>
<style scoped>
    div{
        color:blue;
        font-size: 50px;
    }
</style>
```

提示

data (){}等同于 data: function () {}。

在<template>内的 HTML 写法完全同 HTML 文件，不用加 "\" 换行，webpack 最终会把它编译为 Render 函数的形式。写在<style>里的样式，我们已经用插件 extract-text-webpack-plugin 配置过了，最终会统一提取并打包在 main.css 里，因为加了 scoped 属性，这部分样式只会对当前组件 App.vue 有效。

执行命令 npm run dev，结果如图 11-5 所示。

图 11-5　替换效果

接下来，在 src 目录下再新建两个组件：title.vue 和 button.vue。

title.vue 组件的代码如下：

```html
<template>
    <h4>{{title}}</h4>
</template>
<script>
    export default{
        props:{
            title:{
                type:String
            }
        }
    }
</script>
<style scoped>
    h4{
        color:red;
    }
</style>
```

button.vue 组件的代码如下：

```html
<template>
    <button @click="handleClick" :style="styles">
        <slot></slot>
    </button>
</template>
<script>
    export default{
        props:{
            color:{
                type:String,
                default:'green'
            }
        },
        computed:{
            styles(){
                return{
                    background:this.color
                }
            }
        },
        methods:{
            handleClick(e){
                this.$emit('click',e);
            }
        }
    }
</script>
<style scoped>
    button{
        border: 0;
        color:white;
        padding:8px 12px;
    }
    button:active{
        position:relative;
        top:10px;
```

```
        left:10px;
    }
</style>
```

改写 App.vue 组件，把 title.vue 和 button.vue 导入进来：

```
<template>
    <div>
        <v-title title="标题"></v-title>
        <v-button @click="handleClick()">单击按钮</v-button>
    </div>
</template>
<script>
    //导入组件
    import vTitle from  './title.vue';
    import vButton from  './button.vue';
    export default {
        components:{
            vTitle,
            vButton
        },
        methods:{
            handleClick(){
                alert('单击按钮了');
            }
        }
    }
</script>
```

打开谷歌浏览器，发现已经正确渲染出了这两个组件，如图 11-6 所示。

图 11-6   组件渲染

11.4   疑 难 解 惑

疑问 1：如何在 webpack 中设置启动的 IP 和端口？
在 package.json 的 scripts 里增加一个快速启动 webpack-dev-server 服务的脚本：

```
"scripts": {
    "test": "echo \"Error: no test specified\" && exit 1",
    "dev":"webpack-dev-server --open --config webpack.config.js"
  },
```

当执行 npm run dev 命令时，就会执行 webpack-dev-server --open --config webpack.config.js
命令。其中--config 是指向 webpack-dev-server 读取的配置文件路径，这里直接读取

webpack.config.js 文件。--open 会在执行命令时自动在浏览器中打开页面，默认地址是
127.0.0.1:8080，不过 IP 和端口都是可以配置的，例如：

```
"scripts": {
    "test": "echo \"Error: no test specified\" && exit 1",
    "dev":"webpack-dev-server --host 192.168.0.105 --port 8888 --open --
config webpack.config.js"
},
```

这样，访问地址就改为了 192.168.0.105:8888。一般在局域网下，需要让其他同事访问
时可以这样配置。

疑问 2：使用 webpack 时常见错误的解决方案是什么？

使用 webpack 时常见错误的解决方案如下。

(1) 当 webpack 构建出错时，默认情况下会在控制台输出错误信息。可以查看控制台
中的详细错误消息，以了解问题的具体原因。

(2) webpack 提供了一些插件，可以帮助用户处理和展示错误信息。其中一些常用插
件的作用如下。

Friendly-errors-webpack-plugin：该插件可以将 webpack 的错误信息友好地展示在控制
台，使用户更易于阅读和理解。

ESLint-loader：使用此插件可以将 ESLint 的错误信息集成到 webpack 的构建过程中，
使用户能够在构建时即时发现代码中的问题。

(3) webpack 提供了一些调试工具，可以帮助用户分析和定位错误。

source-map：启用该工具会生成一个映射文件，它将源代码与打包后的代码对应起
来，以便更准确地定位错误。

devtool：webpack 提供了多个 devtool 工具，每个工具都有不同的构建速度和调试能
力。用户可以根据需要选择合适的选项来进行调试。

(4) 在 webpack 的配置文件中，可以使用 stats 对象来获取构建过程中的状态信息。通
过监听 stats 对象的相关事件，可以编写自定义的错误处理逻辑来捕获和处理错误。

(5) 对于特定类型的错误，可以使用相关的插件进行处理。例如，如果遇到了 CSS 加
载错误，可以使用 MiniCssExtractPlugin 插件来处理。

以上是一些常见的 webpack 错误处理方案，根据具体需求和问题，选择适合的方案进
行使用。

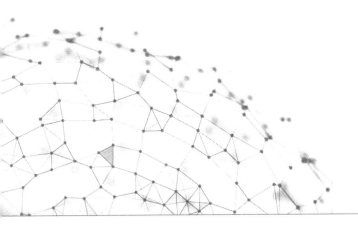

第12章

玩转前端路由

前端路由是什么？如果之前从事后端的工作，或者虽然有接触前端，但是并没有使用到单页面应用，那么，对于这个概念来说还是会很陌生。为什么会在单页面应用中存在这个概念？前端路由与后端路由有什么不同？本章将重点介绍一下前端路由的知识。

12.1 使用 Vue Router 实现前端路由控制

在传统的多页面应用中，网站的每一个 URL 地址都对应于服务器磁盘上的一个实际物理文件。例如，当访问 https://www.yousite.com/index.html 时，服务器会自动把我们的请求对应到当前站点路径下面的 index.html 文件，然后再给予响应，将这个文件返回给浏览器。当跳转到其他页面上时，则会再重复一遍这个过程。

但是在单页面应用中，整个项目中只存在一个 HTML 文件，当用户切换页面时，只是通过对这个唯一的 HTML 文件进行动态重写，从而响应用户的请求。也就是说，从切换页面这个角度上说，应用只是在第一次打开时请求了服务器。

因为访问的页面并不是真实存在的，所以如何正确地在一个 HTML 文件中展现出用户想要访问的信息，就成为单页面应用需要考虑的问题，而前端路由就很好地解决了这个问题。

12.1.1 前端路由的实现方式

前端路由的实现方式主要是通过 hash 路由匹配或者是采用 HTML5 中的 history 路由模式这两种。也就是说，不管是 hash 路由还是使用 history 路由模式，其实都是基于浏览器自身的特性实现的。

hash 路由在某些情况下，需要定位页面上的某些位置，就像下面的例子中展现的那样，通过锚点进行定位，单击不同的按钮将跳转到指定的位置，这其实就是 hash。

```html
<div class="container">
  <a class="btn" href="#image1">图片 1</a>
  <a class="btn" href="#image2">图片 2</a>
</div>
```

```
<img src="image1.jpg" id="image1">
<img src="image2.jpg" id="image2">
```

hash 路由的本质是浏览器 location 对象中的 hash 属性，它会记录链接地址中"#"后面的内容(:#part1)。因此，可以通过监听 window.onhashchange 事件获取到跳转前后访问的地址，从而实现地址切换的目的。

在之前的 HTML 版本中，可以通过 history.back()、history.forward()和 history.go()方法来完成在用户历史记录中向后和向前的跳转。而 history 路由则是使用了 HTML5 中新增的 pushState 事件和 replaceState()事件。

通过这两个新增的 API，就可以实现无刷新的更改地址栏链接，配合 Ajax 就可以做到整个页面的无刷新跳转。

在 Vue.js 中，Vue Router 是官方提供的路由管理器。它和 Vue.js 的核心深度集成，因此，不管是采用 hash 路由模式还是 history 路由模式，实现前端路由都有很好的支持。本书采用 Vue Router 这一组件来实现前端路由。

12.1.2 路由实现

首先，需要将 Vue Router 添加引用到项目中，这里采用直接引用 JS 文件的方式为我们的示例代码添加前端路由支持。采用可以直接引用 CDN 的方式添加前端路由。

```
<script src="https://unpkg.com/vue-router@next"></script>
```

在 Vue.js 中使用 Vue Router 构建单页面应用，只需要将组件(components)映射到定义的路由(routes)规则中，然后告知 Vue Router 在哪里渲染它们，并将这个路由配置挂载到 Vue.js 实例节点上即可。

在 Vue Router 中，使用 router-link 标签来渲染链接。当然，默认生成的是 a 标签，如果想要将路由信息生成别的 HTML 标签，则可以使用 tag 属性指明需要生成的标签类型。

```
<!-- 默认渲染成 a 标签 -->
<router-link to="/home">首页</router-link>
<!--渲染成 button 标签-->
<router-link to="/list" tag="button">列表</router-link>
```

可以看到，当指定 tag 属性为 button 后，页面渲染后的标签就变成了 button 按钮，如图 12-1 所示。同样地，它还是会监听单击操作，触发导航。

同时，从图 12-1 可以看出，当前的链接地址为#/home，也就是说，通过 router-link 生成的标签，当页面地址与对应的路由规则匹配成功后，将自动设置 class 属性值为.router-link-active。当然，也可以通过指定 active-class 属性或者在构造 VueRouter 对象时使用 linkActiveClass 来自定义链接激活时使用的 CSS 类名。

```
<!-- 使用属性来设定自定义激活类名 -->
<router-link to="/home" active-class="style">首页</router-link>
<!-- 在构造对象时设定全局默认类名 -->
const router = new VueRouter({
    routes: [],
    linkActiveClass: style
})
```

图 12-1　页面渲染后的标签

当路由表构建完成后，对于指向路由表中的链接，需要在页面上找一个地方去显示已经渲染完成后的组件，这时就需要使用 router-view 标签去告诉程序，需要将渲染后的组件显示在当前位置。

在下面的示例代码中，模拟了 Vue.js 中路由的使用，当访问#/home 时会加载 home 组件，而当链接跳转到#/list 时则会加载 list 组件。同时，可以发现，在 list 组件中又包含了两个子路由，通过单击 list 组件中的子路由地址，从而加载对应的 login 组件和 register 组件。

在下面的示例代码中，还使用到了嵌套路由和路由的重定向。通过使用路由重定向，可以在用户访问网站的根目录/时重定向到/home，而嵌套路由则可以将 URL 中各段动态路径也按某种结构对应到实际嵌套的各层组件。

例如，这里的 login 组件和 register 组件，它们都是位于 list 组件中的。因此，在构建 url 时，应该将该地址位于/list url 后面，从而更好地表达这种关系。因此，在 list 组件中又添加了一个 router-view 标签，用来渲染出嵌套的组件内容。同时，在定义 routes 时，通过在参数中使用 children 属性，从而达到配置嵌套路由信息的目的。

【例 12.1】(实例文件：ch12\12.1.html)路由实现示例。

```html
<!DOCTYPE html>
<html>
<head>
    <meta charset="UTF-8">
<style>
    #app{
        text-align: center;
    }
    .container {
        background-color: #73ffd6;
        margin-top: 20px;
        height: 300px;
    }
    .son{
        margin-top: 30px;
    }
</style>
```

```
<body>
<div id="app">
    <!-- 通过 router-link 标签来生成导航链接 -->
    <router-link to="/home">首页</router-link>
    <router-link to="/list">列表</router-link>
    <div class="container">
        <!-- 将选中的路由渲染到 router-view 下-->
        <router-view></router-view>
    </div>
</div>
<template id="tmpl">
    <div>
        <h3>列表内容</h3>
        <!-- 生成嵌套子路由地址 -->
        <router-link to="/list/login">登录</router-link>
        <router-link to="/list/register">注册</router-link>
        <div class="son">
            <!-- 生成嵌套子路由渲染节点 -->
            <router-view></router-view>
        </div>
    </div>
</template>
<!--引入 vue 文件-->
<script src="https://unpkg.com/vue@3/dist/vue.global.js"></script>
<!--引入 Vue Router-->
<script src="https://unpkg.com/vue-router@next"></script>
<script>
    // 1.定义路由跳转的组件模板
    const home = {
        template: '<div><h3>首页内容</h3></div>'
    }
    const list = {
        template: '#tmpl'
    }
    const login = {
        template: '<div> 登录页面内容</div>'
    }

    const register = {
        template: '<div>注册页面内容</div>'
    }
    // 2.定义路由信息
    const routes = [
        // 路由重定向：当路径为/时，重定向到/home 路径
        {
            path: '/',
            redirect: '/home'
        },
        {
            path: '/home',
            component: home
        },
        {
            path: '/list',
            component: list,
            //嵌套路由
            children: [
                {
                    path: 'login',
```

```
                    component: login
                },
                {
                    path: 'register',
                    component: register
                },
                // 当路径为/list 时，重定向到/list/login 路径
                {
                    path: '/list',
                    redirect: '/list/login'
                }
            ]
        }
    ]
    const router= VueRouter.createRouter({
        //提供要实现的 history 路由。为了方便起见，这里使用 hash history
        history:VueRouter.createWebHashHistory(),
        routes  //简写，相当于 routes: routes
    });
    const vm= Vue.createApp({});
    //使用路由器实例，从而让整个应用都有路由功能
    vm.use(router);
    vm.mount('#app');
</script>
</body>
</html>
```

在 Chrome 浏览器中运行上述代码，单击"列表"链接，然后单击"注册"链接，效果如图 12-2 所示。

图 12-2　路由实现效果

12.2　Vue Router 中的常用技术

在 12.1 节中，简单介绍了前端路由知识，以及如何在 Vue 中使用 Vue Router 来实现前端路由。但是在实际使用中，经常会遇到路由传参或者一个页面是由多个组件组成的情况。本节将介绍在这两种情况下，Vue Router 的使用方法以及可能涉及的知识。

12.2.1 命名路由

在某些时候，生成的路由 URL 地址可能会很长，在使用中有些不便。这时候通过一个名称来标识路由会更方便一些。因此在 Vue Router 中，可以在创建 Router 实例的时候，通过在 routes 配置中给某个路由设置名称，从而方便调用路由。

```
routes:[
    {
        path: '/form',
        name: 'router1',
        component: '<div>form 组件</div>'
    }
]
```

使用了命名路由之后，在需要使用 router-link 标签进行跳转时，可以采用给 router-link 的 to 属性传一个对象的方式，跳转到指定的路由地址上，例如：

```
<router-link :to="{ name:'router1'}">名称</router-link>
```

【例 12.2】(实例文件：ch12\12.2.html)命名路由。

```
<!DOCTYPE html>
<html>
<head>
    <meta charset="UTF-8">
    <title>命名路由</title>
</head>
<body>
<style>
    #app{
        text-align: center;
    }
    .container {
        background-color: #73ffd6;
        margin-top: 20px;
        height: 300px;
    }
    .son{
        margin-top: 30px;
    }
</style>
<div id="app">
    <router-link :to="{name:'router1'}">首页</router-link>
    <router-link :to="{name:'router2'}">技术服务</router-link>
    <!--路由匹配到的组件将在这里渲染 -->
    <div class="container">
        <router-view ></router-view>
    </div>
</div>
<!--引入 vue 文件-->
<script src="https://unpkg.com/vue@3/dist/vue.global.js"></script>
<!--引入 Vue Router-->
<script src="https://unpkg.com/vue-router@next"></script>
<script>
    //定义路由组件
    const home={template:'<div>首页的相关内容</div>'};
```

```
    const details={template:'<div>技术服务的相关内容</div>'};
    const routes=[
        {path:'/home',component:home,name: 'router1',},
        {path:'/details',component:details,name: 'router2',},
    ];
    const router= VueRouter.createRouter({
        //提供要实现的 history 路由。为了方便起见，这里使用 hash history
        history:VueRouter.createWebHashHistory(),
        routes//简写，相当于 routes: routes
    });
    const vm= Vue.createApp({});
    //使用路由器实例，从而让整个应用都有路由功能
    vm.use(router);
    vm.mount('#app');
</script>
</body>
</html>
```

在 Chrome 浏览器中运行上述程序，效果如图 12-3 所示。

图 12-3 命名路由效果

还可以使用 params 属性设置参数，例如：

```
<router-link :to="{ name: 'user', params: { userId: 1234 }}">User</router-link>
```

这与代码调用 router.push()是一样的：

```
router.push({ name: 'user', params: { userId: 123 }})
```

这两种方式都会把路由导航到/user/1234 路径。

12.2.2 命名视图

当打开一个页面时，发现整个页面是由多个组件构成的。例如，后台管理首页是由 sidebar(侧导航)、header(顶部导航)和 main(主内容)这三个组件构成的。此时，通过 Vue Router 构建路由信息时，如果一个 URL 只能对应一个组件，那整个页面肯定是无法正确

显示的。

在 12.1 节的学习中，构建路由信息时，使用了两个特殊的标签：router-view 和 router-link。通过 router-view 标签，可以指定组件渲染显示到什么位置。当需要在一个页面上显示多个组件时，就需要在页面中添加多个 router-view 标签。

那么，是不是可以通过一个路由对应多个组件，然后按需渲染在不同的 router-view 标签上呢？按照 12.1 节关于 Vue Router 的使用方法，可以很容易地实现下面的代码。

【例 12.3】(实例文件：ch12\12.3.html)测试一个路由对应多个组件。

```html
<!DOCTYPE html>
<html>
<head>
    <meta charset="UTF-8">
    <title>测试一个路由对应多个组件</title>
</head>
<body>
<style>
    #app{
       text-align: center;
    }
    .container {
       background-color: #73ffd6;
       margin-top: 20px;
       height: 100px;
    }
</style>
<div id="app">
    <router-view></router-view>
    <div class="container">
       <router-view></router-view>
       <router-view></router-view>
    </div>
</div>
<template id="sidebar">
    <div class="sidebar">
       侧边栏内容
    </div>
</template>
<!--引入 vue 文件-->
<script src="https://unpkg.com/vue@3/dist/vue.global.js"></script>
<!--引入 Vue Router-->
<script src="https://unpkg.com/vue-router@next"></script>
<script>
    // 1.定义路由跳转的组件模板
    const header = {
       template: '<div class="header"> 头部内容 </div>'
    }
    const sidebar = {
       template: '#sidebar',
    }
    const main = {
       template: '<div class="main">主要内容</div>'
    }
    // 2.定义路由信息
    const routes = [{
       path: '/',
       component: header
    }, {
```

```
        path: '/',
        component: sidebar
    }, {
        path: '/',
        component: main
    }];
    const router= VueRouter.createRouter({
        //提供 history 实现。为了方便起见，这里使用 hash history
        history:VueRouter.createWebHashHistory(),
        routes   //简写，相当于 routes: routes
    });
    const vm= Vue.createApp({});
    //使用路由器实例，从而让整个应用都有路由功能
    vm.use(router);
    vm.mount('#app');
</script>
</body>
</html>
```

在 Chrome 浏览器中运行程序，效果如图 12-4 所示。

图 12-4　一个路由对应多个组件

可以看到，上述示例并没有实现想要按需渲染组件的效果。当一个路由信息对应到多个组件时，不管有多少个 router-view 标签，程序都会将第一个组件渲染到所有的 router-view 标签上。

在 Vue Router 中，可以通过命名视图的方式，实现一个路由信息按照需要去渲染到页面中指定的 router-view 标签上。

命名视图与命名路由的实现方式相似，命名视图通过在 router-view 标签上设定 name 属性，之后在构建路由与组件的对应关系时，以一种 name:component 的形式构造出一个组件对象，从而指明是在哪个 router-view 标签上加载什么组件。

实现命名视图的代码如下：

```
<div id="app">
    <router-view></router-view>
    <div class="container">
        <router-view name="sidebar"></router-view>
        <router-view name="main"></router-view>
    </div>
</div>
<script>
```

```
    // 2.定义路由信息
    const routes = [{
        path: '/',
        components: {
            default: header,
            sidebar: sidebar,
            main: main
        }
    }]
</script>
```

在 router-view 中，name 属性值默认为 default，因此这里的 header 组件对应的 router-view 标签就可以不用设定 name 属性值。完整示例如下。

【例 12.4】(实例文件：ch12\12.4.html)命名视图。

```
<!DOCTYPE html>
<html>
<head>
    <meta charset="UTF-8">
    <title>命名视图</title>
</head>
<body>
<style>
        .style1{
            height: 20vh;
            background: #0BB20C;
            color: white;
        }
        .style2{
            background: #9e8158;
            float: left;
            width: 30%;
            height: 70vh;
            color: white;
        }
        .style3{
            background: #2d309e;
            float: left;
            width: 70%;
            height: 70vh;
            color: white;
        }
    </style>
<div id="app">
    <div class="style1">
        <router-view></router-view>
    </div>
    <div class="container">
        <div class="style2">
            <router-view name="sidebar"></router-view>
        </div>
        <div class="style3">
            <router-view name="main"></router-view>
        </div>
    </div>
</div>
<template id="sidebar">
    <div class="sidebar">
```

```
        侧边栏导航内容
    </div>
</template>
<!--引入 vue 文件-->
<script src="https://unpkg.com/vue@3/dist/vue.global.js"></script>
<!--引入 Vue Router-->
<script src="https://unpkg.com/vue-router@next"></script>
<script>
    // 1.定义路由跳转的组件模板
    const header = {
        template: '<div class="header"> 头部内容 </div>'
    }
    const sidebar = {
        template: '#sidebar'
    }
    const main = {
        template: '<div class="main">正文部分</div>'
    }
    // 2.定义路由信息
    const routes = [{
        path: '/',
        components: {
            default: header,
            sidebar: sidebar,
            main: main
        }
    }];
    const router= VueRouter.createRouter({
        //提供要实现的 history 路由。为了方便起见，这里使用 hash history
        history:VueRouter.createWebHashHistory(),
        routes    //简写，相当于 routes: routes
    });
    const vm= Vue.createApp({});
    //使用路由器实例，从而让整个应用都有路由功能
    vm.use(router);
    vm.mount('#app');
</script>
</body>
</html>
```

在 Chrome 浏览器中运行上述程序，效果如图 12-5 所示。

图 12-5　命名视图效果

12.2.3　路由传参

在很多情况下，如表单提交、组件跳转之类的操作，需要使用到上一个表单、组件的一些数据，这时可以将需要的参数通过传参的方式在路由间进行传递。下面介绍传参方式：param 传参。

param 传参就是将需要的参数以 key=value 的方式放在 URL 地址中。在定义路由信息时，需要以占位符(:参数名)的方式将需要传递的参数指定到路由地址中，示例代码如下：

```
const routes=[{
    path:'/',
    components:{
        default: header,
        sidebar: sidebar,
        main: main
    },
    children: [{
        path: '',
        redirect: 'form'
    }, {
        path: 'form',
        name: 'form',
        component: form
    }, {
        path: 'info/:email/:password',
        name: 'info',
        component: info
    }]
}]
```

因为在使用$route.push 进行路由跳转时，如果提供了 path 属性，则对象中的 params 属性会被忽略，所以这里可以采用命名路由的方式进行跳转，或者直接将参数值传递到路由 path 路径中。这里的参数如果不进行赋值，就无法与匹配规则对应，也就无法跳转到指定的路由地址中。param 传参的示例如下。

【例 12.5】(实例文件：ch12\12.5.html)param 传参。

```
<!DOCTYPE html>
<html>
<head>
    <meta charset="UTF-8">
    <title>param 传参</title>
</head>
<body>
<style>
    .style1{
        background: #5500ff;
        color: white;
        padding: 15px;
        margin: 15px 0;
    }
    .main{
        padding: 10px;
    }
</style>
<body>
<div id="app">
```

```
    <div>
        <div class="style1">
            <router-view></router-view>
        </div>
    </div>
    <div class="main">
        <router-view name="main"></router-view>
    </div>
</div>
<template id="sidebar">
    <div>
        <ul>
            <router-link v-for="(item,index) in menu" :key="index"
                :to="item.url" tag="li">{{item.name}}
            </router-link>
        </ul>
    </div>
</template>
<template id="main">
    <div>
        <router-view></router-view>
    </div>
</template>
<template id="form">
    <div>
        <form>
            <div>
                <label for="exampleInputName1">商品名称</label>
                <input id="exampleInputName1" placeholder="输入商品的名称"
                    v-model="name">
            </div>
            <div>
                <label for="exampleInputNum1">商品数量</label>
                <input id="exampleInputNum1" placeholder="输入商品的数量"
                    v-model="num">
            </div>
            <button type="submit" @click="submit">提交</button>
        </form>
    </div>
</template>
<template id="info">
    <div>
        <div>
            输入的信息如下：
        </div>
        <div>
            <blockquote>
                <p>商品名称：{{ $route.params.name }} </p>
                <p>商品数量：{{ $route.params.num }}</p>
            </blockquote>
        </div>
    </div>
</template>
<!--引入 vue 文件-->
<script src="https://unpkg.com/vue@3/dist/vue.global.js"></script>
<!--引入 Vue Router-->
<script src="https://unpkg.com/vue-router@next"></script>
<script>
    // 1.定义路由跳转的组件模板
    const header = {
```

```
        template: '<div class="header">商品采购信息</div>'
    }
    const sidebar = {
        template: '#sidebar',
        data:function() {
            return {
                menu: [{
                    displayName: 'Form',
                    routeName: 'form'
                }, {
                    displayName: 'Info',
                    routeName: 'info'
                }]
            }
        },
    }
    const main = {
        template: '#main'
    }
    const form = {
        template: '#form',
        data:function() {
            return {
                name: '',
                num: ''
            }
        },
        methods: {
            submit:function() {
                // 方式1
                this.$router.push({
                    name: 'info',
                    params: {
                        name: this.name,
                        num: this.num
                    }
                })
            }
        },
    }
    const info = {
        template: '#info'
    }
    // 2.定义路由信息
    const routes = [{
        path: '/',
        components: {
            default: header,
            sidebar: sidebar,
            main: main
        },
        children: [{
            path: '',
            redirect: 'form'
        }, {
            path: 'form',
            name: 'form',
            component: form
        }, {
            path: 'info/:name/:num',
            name: 'info',
```

```
            component: info
        }]
}];
const router= VueRouter.createRouter({
    //提供要实现的 history 路由。为了方便起见，这里使用 hash history
    history:VueRouter.createWebHashHistory(),
    routes    //简写，相当于 routes: routes
});
const vm= Vue.createApp({
    data(){
        return{
        }
    },
    methods:{},
});
//使用路由器实例，从而让整个应用都有路由功能
vm.use(router);
vm.mount('#app');
</script>
</body>
</html>
```

在 Chrome 浏览器中运行程序，在"商品名称"文本框中输入"洗衣机"，在"商品数量"文本框中输入"20 台"，如图 12-6 所示；然后单击"提交"按钮，内容传递到 info 子组件中进行显示，效果如图 12-7 所示。

图 12-6　输入商品名称和商品数量

图 12-7　param 传参效果

12.3　编程式导航

在使用 Vue Router 时，经常会通过 router-link 标签生成跳转到指定路由的链接，但是在实际的前端开发中，更多的是通过 JavaScript 方式进行跳转的。例如，很常见的一个交互需求——用户提交表单，提交成功后跳转到上一页面，提交失败则留在当前页面。此时，如果还是通过 router-link 标签进行跳转就不合适了，需要通过 JavaScript 根据表单返回的状态进行动态的判断。

在使用 Vue Router 时，已经将 Vue Router 的实例挂载到 Vue 实例上，可以借助$router 的实例方法，通过编写 JavaScript 代码的方式实现路由间的跳转，而这种方式就是一种编程式的路由导航。

在 Vue Router 中有三种导航方法，分别为 push、go 和 replace。最常见的是通过在页面上设置 router-link 标签进行路由地址间的跳转，等同于执行了一次 push 方法。

1. push 方法

当需要跳转新页面时，可以通过 push 方法将一条新的路由记录添加到浏览器的 history 栈中，通过 history 的自身特性，从而驱使浏览器进行页面的跳转。同时，因为在 history 会话历史中会一直保留着这个路由信息，所以后退时仍然可以退回到当前的页面。

在 push 方法中，参数可以是一个字符串路径，或者是一个描述地址的对象，这里其实就等同于调用了 history.pushState 方法。

```
// 字符串 => /first
this.$router.push('first')
//对象=> /first
this.$router.push({ path: 'first' })
//带查询参数=>/first?abc=123
this.$router.push({ path: 'first', query: { abc: '123' }})
```

提示   当传递的参数为一个对象并且当 path 与 params 共同使用时，对象中的 params 属性不会起任何作用，需要采用命名路由的方式进行跳转，或者是直接使用带有参数的全路径。

```
const userId = '123'
// 使用命名路由 => /user/123
this.$router.push({ name: 'user', params: { userId }})
// 使用带有参数的全路径 => /user/123
this.$router.push({ path: '/user/${userId}' })
// 这里的 params 不生效 => /user
this.$router.push({ path: '/user', params: { userId }})
```

2. go 方法

当使用 go 方法时，可以在 history 记录中向前或者后退多少步，也就是说，通过 go 方法可以在已经存储的 history 路由历史中来回跳转。

```
//在浏览器记录中前进一步，等同于history.forward()
this.$router.go(1)
//后退一步记录，等同于history.back()
this.$router.go(-1)
//前进 3 步记录
this.$router.go(3)
```

3. replace 方法

replace 方法同样可以达到实现路由跳转的目的，从名称中可以看出，与使用 push 方法跳转不同的是，在使用 replace 方法时，并不会往 history 栈中新增一条记录，而是会替换当前的记录，因此无法通过后退按钮再回到被替换前的页面。

```
this.$router.replace({
    path: '/special'
})
```

下面示例将通过编程式路由实现路由间的切换。

【例 12.6】(实例文件：ch12\12.6.html)实现路由间的切换。

```html
<!DOCTYPE html>
<html>
<head>
    <meta charset="UTF-8">
    <title>实现路由间的切换</title>
</head>
<body>
<style>
    .style1{
        background: #0BB20C;
        color: white;
        height: 100px;
    }
</style>
<body>
<div id="app">
    <div class="main">
        <div >
            <button @click="goFirst">第 1 页</button>
            <button @click="goSecond">第 2 页</button>
            <button @click="goThird">第 3 页</button>
            <button @click="goFourth">第 4 页</button>
            <button @click="next">前进</button>
            <button @click="pre">后退</button>
            <button @click="replace">替换当前页为特殊页</button>
        </div>
        <div class="style1">
            <router-view></router-view>
        </div>
    </div>
</div>
<!--引入 vue 文件-->
<script src="https://unpkg.com/vue@3/dist/vue.global.js"></script>
<!--引入 Vue Router-->
<script src="https://unpkg.com/vue-router@next"></script>
<script>
//1. 定义路由跳转的组件模板
    const first = {
        template: '<h3>第 1 页的内容</h3>'
    };
    const second = {
        template: '<h3>第 2 页的内容</h3>'
    };
    const third = {
        template: '<h3>第 3 页的内容</h3>'
    };
    const fourth = {
        template: '<h3>第 4 页的内容</h3>'
    };
    const special = {
        template: '<h3>特殊页面的内容</h3>'
    };
    // 2.定义路由信息
    const routes = [
        {
```

```
            path: '/first',
            component: first
        },
        {
            path: '/second',
            component: second
        },
        {
            path: '/third',
            component: third
        },
        {
            path: '/fourth',
            component: fourth
        },
        {
            path: '/special',
            component: special
        }
    ];
const router= VueRouter.createRouter({
    //提供 history 路由。为了方便起见，这里使用 hash history
    history:VueRouter.createWebHashHistory(),
    routes    //简写，相当于 routes: routes
});
const vm= Vue.createApp({
    data(){
        return{
        }
    },
        methods: {
        goFirst:function() {
            this.$router.push({
                path: '/first'
            })
        },
        goSecond:function() {
            this.$router.push({
                path: '/second'
            })
        },
        goThird:function() {
            this.$router.push({
                path: '/third'
            })
        },
        goFourth:function() {
            this.$router.push({
                path: '/fourth'
            })
        },
        next:function() {
            this.$router.go(1)
        },
        pre:function() {
            this.$router.go(-1)
        },
        replace:function() {
            this.$router.replace({
                path: '/special'
            })
```

```
        }
    },
    router: router
});
//使用路由器实例，从而让整个应用都有路由功能
vm.use(router);
vm.mount('#app');
</script>
</body>
</html>
```

在 Chrome 浏览器中运行程序，单击"第 3 页"按钮，效果如图 12-8 所示。

图 12-8　实现路由间的切换

12.4　组件与 Vue Router 间解耦

在使用路由传参的时候，将组件与 Vue Router 强绑定在一起，这意味着在任何需要获取路由参数的地方，都需要加载 Vue Router，使组件只能在某些特定的 URL 上使用，限制了其灵活性。那么，如何解决强绑定呢？

在之前学习组件相关知识的时候，我们提到过可以通过组件的 props 选项来实现子组件接收父组件传递的值。而在 Vue Router 中，同样提供了通过使用组件的 props 选项来进行解耦的功能。

12.4.1　布尔模式

在下面的示例中，当定义路由模板时，指定需要传递的参数为 props 选项中的一个数据项，通过在定义路由规则时指定 props 属性为 true，即可实现对组件以及 Vue Router 之间的解耦。

【例 12.7】(实例文件：ch12\12.7.html)布尔模式。

```
<!DOCTYPE html>
<html>
<head>
    <meta charset="UTF-8">
    <title>布尔模式</title>
    <style>
```

```
        .style1{
            background: #0BB20C;
            color: white;
        }
    </style>
</head>
<body>
<div id="app">
    <div class="main">
        <div >
            <button @click="goFirst">第 1 页</button>
            <button @click="goSecond">第 2 页</button>
            <button @click="goThird">第 3 页</button>
            <button @click="goFourth">第 4 页</button>
            <button @click="next">前进</button>
            <button @click="pre">后退</button>
            <button @click="replace">替换当前页为特殊页</button>
        </div>
        <div class="style1">
            <router-view></router-view>
        </div>
    </div>
</div>
</div>
<!--引入 vue 文件-->
<script src="https://unpkg.com/vue@3/dist/vue.global.js"></script>
<!--引入 Vue Router-->
<script src="https://unpkg.com/vue-router@next"></script>
<script>
//1. 定义路由跳转的组件模板
    const first = {
        template: '<h3>第 1 页的内容</h3>'
    };
    const second = {
        template: '<h3>第 2 页的内容</h3>'
    };
    const third = {
        props: ['id'],
        template: '<h3>第 3 页的内容---{{id}}</h3>'
    };
    const fourth = {
        template: '<h3>第 4 页的内容</h3>'
    };
    const special1 = {
        template: '<h3>特殊页面的内容</h3>'
    };
    //2.定义路由信息
    const routes = [
        {
            path: '/first',
            component: first
        },
        {
            path: '/second',
            component: second
        },
        {
            path: '/third/:id',
            component: third,
            props: true
```

```
            },
            {
                path: '/fourth',
                component: fourth
            },
            {
                path: '/special',
                component: special
            }
        ];
    const router= VueRouter.createRouter({
        //提供要实现的 history 路由。为了方便起见，这里使用 hash history
        history:VueRouter.createWebHashHistory(),
        routes    //简写，相当于 routes: routes
    });
    const vm= Vue.createApp({
        data(){
            return{
            }
        },
            methods: {
            goFirst:function() {
                this.$router.push({
                    path: '/first'
                })
            },
            goSecond:function() {
                this.$router.push({
                    path: '/second'
                })
            },
            goThird:function() {
                this.$router.push({
                    path: '/third'
                })
            },
            goFourth:function() {
                this.$router.push({
                    path: '/fourth'
                })
            },
            next:function() {
                this.$router.go(1)
            },
            pre:function() {
                this.$router.go(-1)
            },
            replace:function() {
                this.$router.replace({
                    path: '/special'
                })
            }
        },
        router: router
    });
    //使用路由器实例，从而让整个应用都有路由功能
    vm.use(router);
    vm.mount('#app');
</script>
</body>
</html>
```

在 Chrome 浏览器中运行程序，选择第 3 页，然后在 URL 路径中添加"/abcd"，再按 Enter 键，效果如图 12-9 所示。

图 12-9　布尔模式

12.4.2　对象模式

在定义路由规则时，针对指定 props 属性为 true 这一情况，在 Vue Router 中，还可以把路由规则的 props 属性定义成一个对象或函数。如果定义成对象或函数，此时并不能实现组件以及 Vue Router 间的解耦。

将路由规则的 props 定义成对象后，此时不管路由参数中传递的是任何值，最终获取到的都是对象中的值。需要注意的是，props 中的属性值必须是静态的，不能采用类似于子组件同步获取父组件传递的值作为 props 中的属性值。对象模式示例如下。

【例 12.8】(实例文件：ch12\12.8.html)对象模式。

```
<!DOCTYPE html>
<html>
<head>
    <meta charset="UTF-8">
    <title>对象模式</title>
    <style>
        .style1{
            background: #0BB20C;
            color: white;
        }
    </style>
</head>
<body>
<div id="app">
    <div class="main">
        <div >
            <button @click="goFirst">第 1 页</button>
            <button @click="goSecond">第 2 页</button>
            <button @click="goThird">第 3 页</button>
            <button @click="goFourth">第 4 页</button>
            <button @click="next">前进</button>
            <button @click="pre">后退</button>
            <button @click="replace">替换当前页为特殊页</button>
        </div>
        <div class="style1">
            <router-view></router-view>
        </div>
    </div>
</div>
```

```
</div>
<!--引入 vue 文件-->
<script src="https://unpkg.com/vue@3/dist/vue.global.js"></script>
<!--引入 Vue Router-->
<script src="https://unpkg.com/vue-router@next"></script>
<script>
//1. 定义路由跳转的组件模板
    const first = {
        template: '<h3>第 1 页的内容</h3>'
    };
    const second = {
        template: '<h3>第 2 页的内容</h3>'
    };
    const third = {
        props: ['name'],
        template: '<h3>第 3 页的内容---{{name}}</h3>'
    };
    const fourth = {
        template: '<h3>第 4 页的内容</h3>'
    };
    const special = {
        template: '<h3>特殊页面的内容</h3>'
    };
    // 2.定义路由信息
    const routes = [
            {
                path: '/first',
                component: first
            },
            {
                path: '/second',
                component: second
            },
            {
                path: '/third/:name',
                component: third,
                props: {
                    name: 'duixiang'
                },
            },
            {
                path: '/fourth',
                component: fourth
            },
            {
                path: '/special',
                component: special
            }
        ];
    const router= VueRouter.createRouter({
        //提供 history 路由。为了方便起见，这里使用 hash history
        history:VueRouter.createWebHashHistory(),
        routes    //简写，相当于 routes: routes
    });
    const vm= Vue.createApp({
        data(){
            return{
            }
        },
        methods: {
```

```
        goFirst:function() {
            this.$router.push({
                path: '/first'
            })
        },
        goSecond:function() {
            this.$router.push({
                path: '/second'
            })
        },
        goThird:function() {
            this.$router.push({
                path: '/third'
            })
        },
        goFourth:function() {
            this.$router.push({
                path: '/fourth'
            })
        },
        next:function() {
            this.$router.go(1)
        },
        pre:function() {
            this.$router.go(-1)
        },
        replace:function() {
            this.$router.replace({
                path: '/special'
            })
        }
    },
    router: router
});
//使用路由器实例，从而让整个应用都有路由功能
vm.use(router);
vm.mount('#app');
</script>
</body>
</html>
```

在 Chrome 浏览器中运行程序，选择第 3 页，然后在 URL 路径中添加 "/duixiang"，再按 Enter 键，效果如图 12-10 所示。

图 12-10 对象模式

12.4.3 函数模式

在对象模式中，只能接收静态的 props 属性值，而当使用了函数模式之后，就可以对

静态值进行进一步加工，或者是与路由传参的值进行结合。函数模式示例如下。

【例 12.9】(实例文件：ch12\12.9.html)函数模式。

```html
<!DOCTYPE html>
<html>
<head>
    <meta charset="UTF-8">
    <title>函数模式</title>
    <style>
        .style1{
            background: #0BB20C;
            color: white;
        }
    </style>
</head>
<body>
<div id="app">
    <div class="main">
        <div >
            <button @click="goFirst">第 1 页</button>
            <button @click="goSecond">第 2 页</button>
            <button @click="goThird">第 3 页</button>
            <button @click="goFourth">第 4 页</button>
            <button @click="next">前进</button>
            <button @click="pre">后退</button>
            <button @click="replace">替换当前页为特殊页</button>
        </div>
        <div class="style1">
            <router-view></router-view>
        </div>
    </div>
</div>
<!--引入 vue 文件-->
<script src="https://unpkg.com/vue@3/dist/vue.global.js"></script>
<!--引入 Vue Router-->
<script src="https://unpkg.com/vue-router@next"></script>
<script>
//1. 定义路由跳转的组件模板
    const first = {
        template: '<h3>第 1 页的内容</h3>'
    };
    const second = {
        template: '<h3>第 2 页的内容</h3>'
    };
    const third = {
        props: ['name',"id"],
        template: '<h3>第 3 页的内容---{{name}}——{{id}}</h3>'
    };
    const fourth = {
        template: '<h3>第 4 页的内容</h3>'
    };
    const special = {
        template: '<h3>特殊页面的内容</h3>'
    };
    // 2.定义路由信息
    const routes = [
            {
                path: '/first',
```

```
                    component: first
            },
            {
                path: '/second',
                component: second
            },
            {
            path: '/third',
            component: third,
            props: (route)=>({
                id:route.query.id,
                name:"hanshu"
            })
            },
            {
                path: '/fourth',
                component: fourth
            },
            {
                path: '/special',
                component: special
            }
        ];
const router= VueRouter.createRouter({
    //提供 history 路由。为了方便起见，这里使用 hash history
    history:VueRouter.createWebHashHistory(),
    routes    //简写，相当于 routes: routes
});
const vm= Vue.createApp({
    data(){
        return{
        }
    },
    methods: {
        goFirst:function() {
            this.$router.push({
                path: '/first'
            })
        },
        goSecond:function() {
            this.$router.push({
                path: '/second'
            })
        },
        goThird:function() {
            this.$router.push({
                path: '/third'
            })
        },
        goFourth:function() {
            this.$router.push({
                path: '/fourth'
            })
        },
        next:function() {
            this.$router.go(1)
        },
        pre:function() {
            this.$router.go(-1)
        },
        replace:function() {
```

```
        this.$router.replace({
            path: '/special'
        })
    }
},
    router: router
});
//使用路由器实例，从而让整个应用都有路由功能
vm.use(router);
vm.mount('#app');
</script>
</body>
</html>
```

在 Chrome 浏览器中运行程序，选择第 3 页，然后在 URL 路径中输入"?id=123456"，再按 Enter 键，效果如图 12-11 所示。

图 12-11　函数模式

12.5　疑 难 解 惑

疑问 1：如何在脚手架项目中使用 Vue Router？

如果想在 Vue 脚手架创建的项目中使用路由，可以在创建项目时选择配置路由。

例如，使用 vue create router-demo 创建项目，在配置选项时，选择手动配置，然后配置路由 Router，如图 12-12 所示。

图 12-12　配置路由 Router

疑问 2：route 和 router 有什么区别？

route 对象表示当前的路由信息，通过解析当前 URL 得到路由信息，主要包含当前的路径、参数、query 对象等。

router 对象是全局路由的实例，是 router 构造方法的实例。

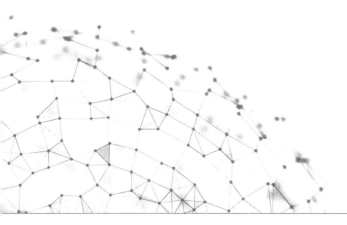

第13章

状态管理 Vuex

在项目开发过程中，当组件比较多时，Vue 中各个组件之间传递数据难度较大。为此，Vuex 技术应运而生。使用 Vuex 来保存需要管理的状态值，值一旦被修改，所有引用该值的地方将会自动更新。Vuex 是一个状态管理的插件，可以解决不同组件之间的数据共享和数据持久化。

13.1　什么是 Vuex

Vuex 是一个专门为 Vue.js 应用程序开发的状态管理模式。它采用集中式存储管理应用的所有组件的状态，并以相应的规则保证状态以一种可预测的方式发生变化。Vuex 也被集成到了 Vue 的官方调试工具 DeVtools Extension 中，提供了诸如零配置的 time-travel 调试、状态快照导入导出等高级功能。

13.1.1　什么是状态管理模式

状态管理模式是集中式存储管理应用的所有组件的状态。下面从一个简单的计数应用开始讲解状态管理模式：

```
const vm = Vue.createApp({
  //该函数返回数据对象
  data(){
    return{
     count: 0
    }
  },
template: '
 <div>{{ count }}</div>
',
// 方法
methods: {
  increment () {
    this.count++
  }
}
}).mount('#app');
```

这个状态自管理应用包含以下 3 个部分。

● State：驱动应用的数据源。

● View：以声明方式将 state 映射到视图。

● Actions：响应在 view 上的用户输入导致的状态变化。

图 13-1 所示为一个表示单向数据流理念的简单示意图。

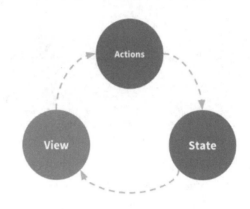

图 13-1　单向数据流

但是，当应用遇到多个组件共享状态时，单向数据流的简洁性很容易被破坏，出现以下两个问题。

(1) 多个视图依赖于同一状态。

(2) 来自不同视图的行为需要变更同一状态。

当多个视图依赖于同一状态时，传参的方法对于多层嵌套的组件将会非常烦琐，兄弟组件间的状态传递将无能为力。

当来自不同视图的行为需要变更同一状态时，用户经常会采用父子组件直接引用或者通过事件来变更和同步状态的多份拷贝。

以上这些模式非常脆弱，通常会导致无法维护的代码。那么，我们为什么不把组件的共享状态抽取出来，以一个全局单例模式管理呢？在这种模式下，组件树构成了一个巨大的视图，不管在树的哪个位置，任何组件都能获取状态或者触发行为。

通过定义和隔离状态管理中的各种概念并强制规则维持视图和状态间的独立性，代码将会变得更加结构化且容易维护。

这就是 Vuex 产生的背景，它借鉴了 Flux、Redux 和 The Elm Architecture。与其他模式不同的是，Vuex 是专门为 Vue.js 设计的状态管理库，以利用 Vue.js 的细粒度数据响应机制来进行高效的状态更新。

13.1.2　什么情况下使用 Vuex

Vuex 可以帮助我们管理共享状态，并附带了许多概念和框架。这需要我们对短期和长期效益进行权衡。

如果不是开发大型单页应用，使用 Vuex 是烦琐冗余的。如果开发的应用比较简单，就没必要使用 Vuex，一个简单的 store 模式就足够所需了。但是，如果要构建一个中大型单页应用，就需要考虑如何更好地在组件外部管理状态，Vuex 则会成为自然而然的选择。

13.2　使用 Vuex

使用 CDN 方式安装 Vuex：

```
<!-- 引入最新版本-->
<script src="https://unpkg.com/vuex@next"></script>
<!-- 引入指定版本-->
<script src="https://unpkg.com/vuex@4.0.0-rc.1"></script>
```

在使用 Vue 脚手架开发项目时，可以使用 npm 或 yarn 安装 Vuex，执行以下命令：

```
npm install vuex@next --save
yarn add vuex@next --save
```

安装完成后，还需要在 main.js 文件中导入 createStore，并调用该方法创建一个 store 实例，然后使用 use() 来安装 Vuex 插件。代码如下：

```
import {createApp} from 'vue'
//引入 Vuex
import {createStore} from 'vuex'
//创建新的 store 实例
const store = createStore({
    state(){
      return{
      count:1
}
    }
})
const app = createApp({})
//安装 Vuex 插件
app.use(store)
```

13.3　在项目中使用 Vuex

下面来学习在脚手架搭建的项目中如何使用 Vuex 的对象。

13.3.1　搭建一个项目

下面使用脚手架来搭建一个项目——myvuex，具体操作步骤如下。

(1) 使用 vue create myvuex 命令创建项目时，选择手动配置模块，如图 13-2 所示。

(2) 按 Enter 键，进入模块配置界面，然后通过空格键选择要配置的模块，这里选择 Vuex 模块来配置预处理器，如图 13-3 所示。

(3) 按 Enter 键，进入选择版本界面，这里选择 3.x 选项，如图 13-4 所示。

(4) 按 Enter 键，进入代码格式和校验选项界面，这里选择默认的第一项，表示仅用于错误预防，如图 13-5 所示。

图 13-2 选择手动配置模块

图 13-3 模块配置界面

图 13-4 选择 3.x 选项

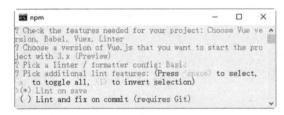

图 13-5 代码格式和校验选项界面

（5）按 Enter 键，进入何时检查代码界面，这里选择默认的第一项，表示保存时检测，如图 13-6 所示。

（6）按 Enter 键，设置如何保存配置信息，第一项表示在专门的配置文件中保存配置信息，第二项表示在 package.json 文件中保存配置信息，这里选择第一项，如图 13-7 所示。

图 13-6 何时检查代码界面

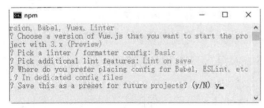

图 13-7 设置如何保存配置信息

（7）按 Enter 键，设置是否保存本次设置，如果选择保存本次设置，以后在使用 vue create 命令创建项目时，就会出现保存过的配置供用户选择。这里输入"y"，表示保存本次设置，如图 13-8 所示。

（8）按 Enter 键，为本次配置取个名字，这里输入"mysets"，如图 13-9 所示。

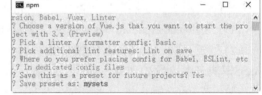

图 13-8 保存本次设置

图 13-9 设置名字

（9）按 Enter 键，完成项目创建，结果如图 13-10 所示。

项目创建完成后，目录列表中会出现一个 store 文件夹，该文件夹中有一个 index.js 文件，如图 13-11 所示。

图 13-10　项目创建完成　　　　　　图 13-11　src 目录结构

index.js 文件的代码如下：

```
import { createStore } from 'vuex'
export default createStore({
  state: {
  },
  mutations: {
  },
  actions: {
  },
  modules: {
  }
})
```

13.3.2　state 对象

在上面的 myvuex 项目中，可以把共用的数据提取出来，放到状态管理的 state 对象中。创建项目时已经配置了 Vuex，所以直接在 store 文件夹下的 index.js 文件中编写即可，代码如下：

```
import { createStore } from 'vuex'
export default createStore({
  state: {
    name:"西瓜",
    price:6.88
  },
  mutations: {},
  actions: {},
  modules: {}
})
```

在 HelloWorld.vue 组件中，通过 this.$store.state.xxx 语句可以获取 state 对象的数据。修改 HelloWorld.vue 的代码如下：

```
<template>
  <div>
    <h1>名称：{{ name }}</h1>
    <h1>价格：{{ price }}</h1>
  </div>
</template>
<script>
export default {
  name: 'HelloWorld',
  computed: {
```

```
    name(){
        return this.$store.state.name
    },
    price(){
        return this.$store.state.price
    },
  }
}
</script>
```

执行 cd mydemo 命令进入项目，然后执行脚手架提供的 npm run serve 命令启动项目，项目启动成功后，会提供本地的测试域名，只需要在浏览器中输入"http://localhost:8080/"，即可打开项目，如图 13-12 所示。

图 13-12　访问 state 对象

13.3.3　getters 对象

有时候组件获取到 store 中的 state 数据后，需要对其进行加工，然后才能使用，例如，computed 属性中就需要用到写操作函数。如果有多个组件都需要进行这个操作，那么在各个组件中都要写相同的函数，这样将非常烦琐。

这时可以把相同的操作写到 store 的 getters 对象中。每个组件只需引用 getters 即可。getters 就是把组件中共有的、对 state 的操作进行提取，它相当于 state 的计算属性。getters 的返回值会根据其依赖被缓存起来，且只有当其依赖值发生改变时才会被重新计算。

提示

getters 接受 state 作为它的第一个参数。

getters 可以用于监听 state 中的值的变化，返回计算后的结果，这里修改 index.js 和 HelloWorld.vue 文件。

修改 index.js 文件的代码如下：

```
import { createStore } from 'vuex'
export default createStore({
  state: {
    name:"西瓜",
    price:6.88
```

```
  },
  getters: {
      getterPrice(state){
          return state.price+=1
      }
  },
  mutations: {
  },
  actions: {
  },
  modules: {
  }
})
```

修改 HelloWorld.vue 的代码如下：

```
<template>
  <div>
    <h1>名称：{{ name }}</h1>
    <h1>涨价后的价格：{{ getPrice }}</h1>
  </div>
</template>
<script>
export default {
  name: 'HelloWorld',
  computed: {
      name(){
          return this.$store.state.name
       },
      price(){
          return this.$store.state.price
       },
      getPrice(){
          return this.$store.getters.getterPrice
      }
    }
  }
</script>
```

重新运行项目，西瓜价格增加 1 元，效果如图 13-13 所示。

图 13-13　getters 对象

207

和 state 对象一样，getters 对象也有一个辅助函数 mapGetters，它可以将 store 中的 getters 映射到局部计算属性中。下面引入辅助函数 mapGetters：

```
import { mapGetters } from 'vuex'
```

例如，上面的代码可以简化为：

```
...mapGetters([
    'varyFrames'
])
```

如果想将一个 getters 属性另取一个名字，使用对象形式：

```
...mapGetters({
    varyFramesOne:'varyFramesOne'
})
```

注意

要把循环的名字换成新取的名字 varyFramesOne。

13.3.4 mutations 对象

在 Vuex 中，修改 store 中的数据，唯一的方法就是提交 mutations。Vuex 中的 mutations 类似于事件。每个 mutations 都有一个字符串的事件类型(type)和一个回调函数 (handler)。这个回调函数就是实际进行数据修改的地方，并且它会接受 state 作为第一个参数。

下面在项目中添加了两个<button>按钮，修改的数据将会渲染到组件中。

修改 index.js 文件的代码：

```
import { createStore } from 'vuex'
export default createStore({
  state: {
    name:"西瓜",
    price:6.88
  },
  getters: {
    getterPrice(state){
      return state.price+=1
    }
  },
  mutations: {
    addPrice(state,obj){
        return state.price+=obj.num;
      },
    subPrice(state,obj){
        return state.price -=obj.num;
      }
  },
  actions: {
  },
  modules: {
  }
})
```

修改 HelloWorld.vue 的代码：

```
<template>
  <div>
    <h1>名称：{{ name }}</h1>
    <h1>最新价格：{{ price }}</h1>
    <button @click="handlerAdd()">涨价</button>
    <button @click="handlerSub()">降价</button>
  </div>
</template>
<script>
export default {
  name: 'HelloWorld',
  computed: {
      name(){
          return this.$store.state.name
      },
      price(){
          return this.$store.state.price
      },
      getPrice(){
          return this.$store.getters.getterPrice
      }
    },
  methods: {
      handlerAdd(){
          this.$store.commit("addPrice",{
            num:1
          })
      },
      handlerSub(){
          this.$store.commit("subPrice",{
            num:1
          })
      },
    },
  }
</script>
```

重新运行项目，单击"涨价"按钮，西瓜价格将增加 1 元；单击"降价"按钮，西瓜价格将减少 1 元，效果如图 13-14 所示。

图 13-14　mutations 对象

13.3.5 actions 对象

actions 类似于 mutations，其不同在于：

(1) actions 提交的是 mutations，而不是直接变更数据状态；

(2) actions 可以包含任意异步操作。

在 Vuex 中提交 mutations 是修改状态的唯一方法，并且这个过程是同步的，异步逻辑都应封装到 actions 对象中。

actions 函数接受一个与 store 实例具有相同方法和属性的 context 对象，因此可以调用 context.commit 提交一个 mutations，或者通过 context.state 和 context.getters 来获取 state 和 getters 中的数据。

继续修改上面的项目，使用 actions 对象执行异步操作，单击按钮后，异步操作将在 3 秒后执行。

修改 index.js 文件的代码：

```javascript
import { createStore } from 'vuex'
export default createStore({
  state: {
      name:"西瓜",
      price:6.88
  },
  getters: {
      getterPrice(state){
         return state.price+=1
      }
  },
  mutations: {
      addPrice(state,obj){
         return state.price+=obj.num;
       },
       subPrice(state,obj){
         return state.price-=obj.num;
       }
  },
  actions: {
      addPriceasy(context){
          setTimeout(()=>{
             context.commit("addPrice",{
             num:1
           })
          },4000)
       },
      subPriceasy(context){
          setTimeout(()=>{
             context.commit("subPrice",{
             num:1
           })
          },4000)
       }
  },
  modules: {
  }
})
```

修改 HelloWorld.vue 的代码：

```html
<template>
```

```
<div>
   <h1>名称：{{ name }}</h1>
   <h1>最新价格：{{ price }}</h1>
   <button @click="handlerAdd()">涨价</button>
   <button @click="handlerSub()">降价</button>
   <button @click="handlerAddasy()">异步涨价(4 秒后执行)</button>
   <button @click="handlerSubasy()">异步降价(4 秒后执行)</button>
</div>
</template>
<script>
export default {
 name: 'HelloWorld',
 computed: {
     name(){
         return this.$store.state.name
      },
     price(){
         return this.$store.state.price
      },
     getPrice(){
         return this.$store.getters.getterPrice
      }
    },
 methods: {
     handlerAdd(){
         this.$store.commit("addPrice",{
            num:1
         })
      },
     handlerSub(){
         this.$store.commit("subPrice",{
            num:1
         })
      },
     handlerAddasy(){
         this.$store.dispatch("addPriceasy")
      },
     handlerSubasy(){
         this.$store.dispatch("subPriceasy")
      },
    },
  }
</script>
```

重新运行项目，页面效果如图 13-15 所示。单击"异步涨价(4 秒后执行)"按钮，可以发现页面延迟 4 秒后西瓜价格增加 1 元。

图 13-15　actions 对象

13.4 疑 难 解 惑

疑问 1：在 **Vuex** 中，如何开启严格模式，在严格模式下将有什么效果？

开启严格模式，仅需在创建 store 时传入 strict:true：

```
import { createStore } from 'vuex'
const store = createStore({
  state: {
    message: 'Hello World!'
  },
  mutations: {
    updateMessage (state, message) {
      state.message = message
    }
  },
  strict: true // 开启严格模式
})
```

在严格模式下，无论何时发生了状态变更且不是由 mutations 函数引起的，将会抛出异常。这样可以保证所有的状态变更都能被调试工具跟踪到。

疑问 2：不使用 **Vuex** 会带来什么问题？

不使用 Vuex 会带来以下问题。

(1) 可维护性将下降，想修改数据需要维护多个地方。

(2) 可读性将下降，因为一个组件里的数据，根本看不出来是从哪里来的。

(3) 增加耦合，大量地上传派发，会让耦合性大大增加。

第14章

项目实战1——开发科技企业网站系统

本章将利用 Vue.js 框架开发科技企业网站。该网站包含 5 个功能模块,分别为首页页面、关于我们页面、主营业务页面、企业新闻动态页面和联系我们页面。本章将使用 Vite 搭建项目,使用 Element Plus 库创建组件。该系统设计简洁、代码可读性强、易于操作,通过对本章的学习,读者可以深入掌握企业网站的开发技术。

14.1　使用 Vite 搭建项目

首先,选择项目存放的目录,然后,使用 Vite 创建一个项目,项目名称为 myweb。命令如下:

```
npm init vite-app myweb
```

本项目安装了 axios、element-plus、mockjs 和 vue-router 等外置组件和库,具体安装方式如下。

1. 安装 axios

(1) 在终端中输入指令 npm install axios,安装 axios。

(2) 在 src 下新建一个 axios 文件夹,并在该文件夹下新建一个 index.js 文件,然后在 index.js 文件中编写如下代码:

```
// 导入 axios
import axios from 'axios'
// 创建 axios 实例
const API = axios.create({
    //请求后端数据的基本地址
    baseURL: 'http://localhost:8080',
    //请求超时时间
    timeout: 2000
})
// 导出 axios 实例模块
export default API
```

(3) 在 main.js 文件中将 axios 全局引入,具体代码如下:

```
import { createApp } from 'vue'
import App from './App.vue'
import './index.css'
// 引入 axios
import axios from './axios/index.js'
const app = createApp(App);
app.mount('#app');
// 配置 axios 的全局引用
app.config.globalProperties.$axios = axios;
```

2. 安装 element-plus

(1) 在终端中输入指令 npm install element-plus --save，安装 element-plus。

(2) 在 main.js 文件中引入 Element Plus，具体代码如下：

```
import { createApp } from 'vue'
import App from './App.vue'
import './index.css'
// 引入 element-plus
import ElementPlus from 'element-plus'
import '../node_modules/element-plus/theme-chalk/index.css'
createApp(App).use(ElementPlus).mount('#app')
```

3. 安装 mockjs

(1) 在终端中输入指令 npm install mockjs，安装 mockjs。

(2) 在 src 下新建一个 mock 文件夹，并在该文件夹下新建一个 index.js 文件，然后在 index.js 文件中编写如下代码：

```
// 引入 mockjs
import Mock from 'mockjs'
// 轮播图
const getdata = () => {
    return [
        {
            id: 1,
            url: "home1.jpg"
        },
        {
            id: 2,
            url: "home2.jpg"
        },
        {
            id: 3,
            url: "home3.jpg"
        },
        {
            id: 4,
            url: "home4.jpg"
        },
    ]
}
...//更多代码请查看项目源文件 index.js
```

(3) 在 main.js 文件中引入 mockjs，具体代码如下：

```
import { createApp } from 'vue'
import App from './App.vue'
import './index.css'
```

```
// 引入 mock
import './mock/index.js'
const app = createApp(App);
app.mount('#app');
```

4. 安装 vue-router

(1)　在终端中输入指令 npm install vue-router@next --save，安装 vue-router。

(2)　在 src 文件夹下新建 router 文件夹，并在该文件夹下新建一个 index.js 文件。在 index.js 文件中编写路由信息，具体代码如下：

```
import {createRouter, createWebHistory} from 'vue-router'
const routes = [
    {
        // 首页
        path: '/',
        component: () => import('../components/Home.vue')
    },
];
const router = createRouter({
    history: createWebHistory(),
    routes
})
export default router
```

(3)　在 main.js 文件中配置 vue-router，需要添加的具体代码如下：

```
// 引入 router
import router from './router'
const app = createApp(App);
app.use(router);
```

(4)　在 App.vue 文件中，将路由匹配到组件中，修改后的 App.vue 文件的代码如下：

```
<template>
  <!-- 路由匹配到的组件将显示在这里 -->
  <router-view></router-view>
</template>
<script>
export default {
  name: 'App'
}
</script>
```

科技企业网站系统的主要文件的含义如下。

(1)　public 文件夹：存放静态公共资源。

(2)　assets 文件夹：存放静态文件，如网站图片。

(3)　node_modules 文件夹：通过 npm install 下载安装的项目依赖包。

(4)　package.json 文件：项目配置和包管理文件。

(5)　src 文件夹：项目主目录。

(6)　axios 文件夹：存放网络数据请求。

(7)　components 文件夹：存放 Vue 页面。

(8)　AboutUs.vue 文件：关于我们页面。

(9)　Bottom.vue 文件：底部组件。

(10)　Connection.vue 文件：联系我们页面。

(11) Core.vue 文件：主营业务组件。

(12) Head.vue 文件：头部组件。

(13) Home.vue 文件：首页。

(14) News.vue 文件：新闻动态页面。

(15) mock 文件夹：存放虚拟数据。

(16) router 文件夹：存放路由。

(17) App.vue 文件：根组件。

(18) main.js 文件：入口文件。

14.2 设计首页页面

首页页面大致可以分成网页头部、网页首页、网页页脚三个部分。下面将分别介绍其中组件的实现，以及涉及的知识点。

14.2.1 网页头部组件

考虑到网页头部组件会在各个页面中复用，因此可以将这部分单独剥离出来，设计成一个组件，命名为 Head 组件。

在 components 目录下新建 Head.vue 组件，代码如下：

```
<!-- 头部组件 -->
<template>
   <div class="head">
      <el-row>
         <el-col :span="1" v-html="'\u00a0'" />
         <el-col :span="4">
            <div>
               <a style="color: #409eff; font-size: 50px; font-weight: bold;">
                  风云科技</a>
            </div>
         </el-col>
         <el-col :span="4" v-html="'\u00a0'" />
         <el-col :span="8">
            <div v-if="info == '1'" class="d_v" :class="{ class_a: true }"
               @click="home">首页</div>
            <div v-if="info != '1'" class="d_v" :class="{ class_a: false }"
               @click="home">首页</div>
            <div v-if="info == '2'" class="d_v" :class="{ class_a: true }"
               @click="core">主营业务</div>
            <div v-if="info != '2'" class="d_v" :class="{ class_a: false }"
               @click="core">主营业务</div>
            <div v-if="info == '3'" class="d_v" :class="{ class_a: true }"
               @click="aboutUs">关于我们</div>
            <div v-if="info != '3'" class="d_v" :class="{ class_a: false }"
               @click="aboutUs">关于我们</div>
            <div v-if="info == '4'" class="d_v" :class="{ class_a: true }"
               @click="news">企业新闻</div>
            <div v-if="info != '4'" class="d_v" :class="{ class_a: false }"
               @click="news">企业新闻</div>
            <div v-if="info == '5'" class="d_v" :class="{ class_a: true }"
```

```
              @click="connection">联系我们</div>
            <div v-if="info != '5'" class="d_v" :class="{ class_a: false }"
              @click="connection">联系我们</div>
          </el-col>
          <el-col :span="4">
            <div class="d_v6" @click="dialogVisible = true">
              <UserFilled style="width: 1em; height: 1em;" />
              技术咨询
            </div>
          </el-col>
        </el-row>
      </div>
</template>
```

网页头部组件效果如图 14-1 所示。

风云科技　　首页　　主营业务　　关于我们　　企业新闻　　联系我们　　　　　　👤 技术咨询

图 14-1　网页头部组件效果

单击"技术咨询"链接，打开在线咨询弹出框，相关的代码如下：

```
<!-- 在线咨询弹出框 -->
<el-dialog v-model="dialogVisible" title="免费获取技术咨询" width="30%"
    style="position: fixed;bottom: -25px;right: 25px;">
    <div style="text-align: left; margin-left: 30px;">
        <el-avatar :icon="UserFilled" />
        <div class="div_1">
            <a>欢迎访问，请问有什么可以帮到您</a>
        </div>
    </div>
    <template #footer>
        <span class="dialog-footer">
            <el-input placeholder="请输入要咨询的问题" style="width: 70%;
                margin-right: 20px; margin-bottom: 30px;" />
            <el-button type="primary" style="margin-bottom: 30px;">
                发送
            </el-button>
        </span>
    </template>
</el-dialog>
```

设计效果如图 14-2 所示。

图 14-2　在线咨询弹出框效果

14.2.2 网页首页组件

在 components 目录下新建 Home.vue 组件，代码如下：

```
<!-- 首页 -->
<template>
    <!-- 头部组件 -->
    <Head :info="1" ></Head>
    <!-- 首页轮播图 -->
    <div>
        <div class="carousel_1">
            <el-carousel indicator-position="outside" height="1000px">
                <el-carousel-item v-for="item in picture" :key="item">
                    <img style="width: 100%;height: 100%;" :src="getAssetUrl
                        (item.url)" alt="" />
                </el-carousel-item>
            </el-carousel>
        </div>
        <div class="carousel_2">
            <p style="color: white; font-size: 50px; padding-top: 300px;
                padding-right: 300px;">欢迎加入我们! </p>
            <p style="color: white; font-size: 70px; padding-right: 130px;">
                专业的技术团队</p>
        </div>
        <div class="carousel_3">
            <div class="div_1">
                <FolderOpened style="width: 5em; height: 5em;color: white;
                    padding-top: 300px;" />
                <h1 style="color: white;padding-top: 30px;">主营业务</h1>
                <div class="d_v2"  @click="core">
                    <a>更多详情</a>
                </div>
            </div>
            <div class="div_1">
                <DocumentCopy style="width: 5em; height: 5em;color: white;
                    padding-top: 300px;" />
                <h2 style="color: white;padding-top: 30px;">团队介绍</h2>
                <div class="d_v2"  @click="aboutUs">
                    <a>更多详情</a>
                </div>
            </div>
            <div class="div_1">
                <Message style="width: 5em; height: 5em;color: white;
                    padding-top: 300px;" />
                <h1 style="color: white;padding-top: 30px;">企业新闻</h1>
                <div class="d_v2" @click="news">
                    <a>更多详情</a>
                </div>
            </div>
            <div class="div_1">
                <ChatLineSquare style="width: 5em; height: 5em;color: white;
                    padding-top: 300px;" />
                <h1 style="color: white;padding-top: 30px;">联系我们</h1>
                <div class="d_v2" @click="connection">
                    <a>更多详情</a>
                </div>
            </div>
        </div>
    </div>
```

```
    </div>
    <!-- 底部组件 -->
    <Bottom></Bottom>
</template>
```

设计效果如图 14-3 所示。

图 14-3　网页首页组件效果

14.2.3　网页页脚组件

考虑到网页页脚组件会在各个页面中复用，因此可以将这部分单独剥离出来，设计成一个组件，命名为 Bottom 组件。

在 components 目录下新建 Bottom.vue 组件，代码如下：

```
<!-- 底部组件 -->
<template>
    <div class="botton">
        <div>
            <div class="d_v" @click="home">首页</div>
            <div class="d_v" @click="core">主营业务</div>
            <div class="d_v" @click="aboutUs">关于我们</div>
            <div class="d_v" @click="news">企业新闻</div>
            <div class="d_v" @click="connection">联系我们</div>
        </div>
    </div>
    <div class="underline">
        <p></p>
        <p class="p_1">邮箱: 357975357@qq.com</p>
        <p class="p_1">微信: codehome6</p>
        <p class="p_1">微信公众号: zhihui8home</p>
    </div>
</template>
```

网页页脚组件效果如图 14-4 所示。

| 首页 | 主营业务 | 关于我们 | 企业新闻 | 联系我们 |

邮箱: 357975357@qq.com　　　　微信: codehome6　　　　微信公众号: zhihui8home

图 14-4　网页页脚组件

14.3 设计主营业务组件

在 components 目录下新建 Core.vue 组件，代码如下：

```html
<template>
    <!-- 头部组件 -->
    <Head :info="2"></Head>
    <div> <img style="width: 100%;height: 50%;" :src="getAssetUrl()" /> </div>
    <div style="margin-top: 30px;">
        <el-row>
            <el-col :span="24">
                <el-tabs v-model="activeName" class="demo-tabs">
                    <el-tab-pane label="广告设计" name="first">
                        <h1 style="color: #409eff;">广告设计</h1>
                        <el-row>
                            <el-col :span="8" v-for="item in furniture" :key="item">
                                <div style="margin:0 20px;">
                                    <img style="width: 100%;height: 100%;" :src=
                                        "getAssetUrl2(item.url)" alt="" />
                                    <h1>{{ item.years }}</h1>
                                    <h4>{{ item.introduce }}</h4>
                                </div>
                            </el-col>
                        </el-row>
                    </el-tab-pane>
                    <el-tab-pane label="产品研发" name="second">
                        <h1 style="color: #409eff;">产品研发</h1>
                        <el-row>
                            <el-col :span="6" v-for="item in travel" :key="item">
                                <div style="margin:0 20px;">
                                    <img style="width: 100%;height: 100%;" :src=
                                        "getAssetUrl3(item.url)" alt="" />
                                    <h1>{{ item.years }}</h1>
                                    <h4>{{ item.introduce }}</h4>
                                </div>
                            </el-col>
                        </el-row>
                    </el-tab-pane>
                </el-tabs>
            </el-col>
        </el-row>
    </div>
</template>
```

其中广告图的效果如图 14-5 所示。

图 14-5　广告图的效果

广告设计模块的效果如图 14-6 所示。

图 14-6　广告设计模块的效果

产品研发模块的效果如图 14-7 所示。

图 14-7　产品研发模块的效果

14.4　设计关于我们组件

在 components 目录下新建 AboutUS.vue 组件，代码如下：

```
<!-- 关于我们 -->
<template>
<!-- 顶部图片 -->
  <div>  <img style="width: 100%;height: 100%;" :src="getAssetUrl()" /> </div>
  <div>
    <div class="sort">
```

```
    <el-row>
        <el-col :span="1" v-html="'\u00a0'" />
        <el-col :span="11">
            <div>
                <h1 style="color: #409eff; text-align: left;">团队介绍</h1>
                <h3 style="text-align: left;">
                    我们是专业的科技公司。
                </h3>
                <h3 style="text-align: left;">团队优势1。</h3>
                <h3 style="text-align: left;">团队优势2。</h3>
                <h3 style="text-align: left;">团队优势3。</h3>
                <h3 style="text-align: left;">团队优势4。</h3>
            </div>
        </el-col>
        <el-col :span="2" v-html="'\u00a0'" />
        <el-col :span="8">
            <img :src="getAssetUrl1()" />
        </el-col>
    </el-row>
</div>
<div class="sort_1">
    <h1 style="color: #409eff;">公司发展历程</h1>
    <el-row>
        <el-col :span="2" v-html="'\u00a0'" />
        <el-col :span="5" v-for="item in history" :key="item">
            <div style="margin-right: 50px;">
                <img style="width: 100%;height: 100%;" :src=
                    "getAssetUrl2(item.url)" alt="" />
                <h1>{{ item.years }}</h1>
                <h4>{{ item.introduce }}</h4>
            </div>
        </el-col>
    </el-row>
</div>
    </div>
</template>
```

关于我们组件的设计效果如图14-8所示。

图14-8   关于我们组件的设计效果

14.5　设计企业新闻组件

在 components 目录下新建 News.vue 组件，代码如下：

```html
<!-- 企业新闻 -->
<template>
    <!-- 头部图片 -->
    <div><img style="width: 100%;height: 100%;" :src="getAssetUrl()" /></div>
    <!-- 新闻图片列表 -->
    <div>
        <h1 style="color: #409eff;">今日热点新闻</h1>
        <el-row>
            <el-col :span="3" v-html="'\u00a0'" />
            <el-col :span="6" v-for="item in news" :key="item">
                <div style="margin-right: 50px;">
                    <img style="width: 100%;height: 100%;"
                        :src="getAssetUrl2(item.url)" alt="" />
                    <h1>{{ item.years }}</h1>
                    <h4>{{ item.introduce }}</h4>
                </div>
            </el-col>
        </el-row>
    </div>
    <!-- 新闻列表 -->
    <div>
        <el-row>
            <el-col :span="12" v-for="item in newsList" :key="item">
                <div class="dev_1">
                    <h2>{{ item.title }}</h2>
                    <h4>{{ item.author }}</h4>
                    <h3>{{ item.content }}</h3>
                    <h4 style="float: right;">{{ item.time }}</h4>
                </div>
            </el-col>
        </el-row>
    </div>
</template>
```

企业新闻组件的设计效果如图 14-9 所示。

图 14-9　企业新闻组件的设计效果

14.6　设计联系我们组件

在 components 目录下新建 Connection.vue 组件，代码如下：

```
<!-- 联系我们 -->
<template>
    <!-- 头部组件 -->
    <Head :info="5"></Head>
    <!-- 头部图片 -->
    <div>
        <img style="width: 100%;height: 100%;" :src="getAssetUrl()" />
    </div>
    <!-- 联系我们主体 -->
    <div style="padding-top: 100px; padding-bottom: 100px;">
        <el-row>
            <el-col :span="2" v-html="'\u00a0'" />
            <el-col :span="9">
                <div style="text-align: left;">
                    <h1 style="color: #409eff;">联系我们</h1>
                    <h3>这里的专业人员时刻等待您的咨询! </h3>
                    <div style="display: inline-block;">
                        <h3>QQ: 357975357</h3>
                        <h3>微信: codehome6</h3>
                    </div>
                    <div style="display: inline-block; margin-left: 200px;">
                        <h3>地址: 北京市海淀区 XXXX 号</h3>
                    </div>
                </div>
            </el-col>
            <el-col :span="2" v-html="'\u00a0'" />
            <el-col :span="9">
                <img style="width: 100%;height: 100%;" :src="getAssetUrl1()" />
            </el-col>
        </el-row>
    </div>
    <!-- 底部组件 -->
    <Bottom></Bottom>
</template>
```

联系我们组件的设计效果如图 14-10 所示。

图 14-10　联系我们组件的设计效果

14.7　路　由　配　置

下面介绍本项目的路由配置。在 router 目录下新建 index.js 文件，代码如下：

```javascript
import {createRouter, createWebHistory} from 'vue-router'
const routes = [
    {
        // 首页
        path: '/',
        component: () => import('../components/Home.vue')
    },
    {
        // 关于我们
        path: '/aboutUs',
        component: () => import('../components/AboutUs.vue')
    },
    {
        // 核心业务
        path: '/core',
        component: () => import('../components/Core.vue')
    },
    {
        // 新闻动态
        path: '/news',
        component: () => import('../components/News.vue')
    },
    {
        // 联系我们
        path: '/connection',
        component: () => import('../components/Connection.vue')
    }
];
const router = createRouter({
    history: createWebHistory(),
    routes
})
export default router
```

14.8　系统的运行

打开 DOS 系统窗口，使用 cd 命令进入科技企业网站的系统文件夹 myweb，然后执行命令 npm run dev，如图 14-11 所示。

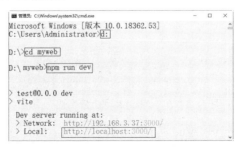

图 14-11　执行命令 npm run dev

将网址复制到浏览器中并打开，就能访问到开发的科技企业网站系统。

14.9　系统的调试

vue-devtools 是一款调试 Vue.js 应用的开发者浏览器扩展工具，可以在浏览器开发者工具下调试代码。不同的浏览器有不同的安装方法，下面以谷歌浏览器为例，其具体安装步骤如下。

(1) 打开浏览器，单击"自定义和控制"按钮，在打开的下拉菜单中选择"更多工具"命令，然后在弹出的子菜单中选择"扩展程序"命令，如图 14-12 所示。

(2) 在"扩展程序"页面中单击"Chrome 网上应用店"链接，如图 14-13 所示。

图 14-12　选择"扩展程序"命令

图 14-13　"扩展程序"页面

（3）在"chrome 网上应用店"页面中搜索 vue-devtools，如图 14-14 所示。

图 14-14　"chrome 网上应用店"页面

(4) 添加搜索到的扩展程序 Vue.js devtools，如图 14-15 所示。

(5) 在弹出的提示对话框中单击"添加扩展程序"按钮，如图 14-16 所示。

（6） 扩展程序添加完成后，回到扩展程序页面，可以发现已经显示出 Vue devtools 调试程序，如图 14-17 所示。

图 14-15 添加扩展程序

图 14-16 单击"添加扩展程序"按钮

图 14-17 "扩展程序"页面

（7） 单击"详细信息"按钮，在展开的页面中选择"允许访问文件网址"选项，如图 14-18 所示。

图 14-18 详细信息页面

（8） 在浏览器窗口中按 F12 快捷键调出开发者工具窗口，选择 Vue 命令，如图 14-19 所示。

图 14-19　选择 Vue 命令

（9）Vue 调试窗口如图 14-20 所示。在该视图中可以看出组件的嵌套关系、Vuex 的状态变化、触发的事件和路由的切换过程等。

图 14-20　Vue 调试窗口

第 15 章

项目实战 2—— 开发在线教育网站系统

本章将使用 Vue 的前端框架开发一个在线教育网站系统。此系统主要包含六个页面，分别为登录注册页、首页、课程列表页、合作院校页、高职课堂页和课程详情页。下面将通过项目环境及框架、系统分析和系统主要功能实现等几个方面来为读者讲解此项目的实现。

15.1 项目环境及框架

开发一个 Vue 项目首先需要搭建 Vue 的运行环境，而要想高效地进行项目开发，那么一个便捷的开发工具是必不可少的，此在线教育网站系统使用的 Vue 版本为 Vue.js 3.x，开发工具使用的是 Visual Studio Code。

15.1.1 系统开发环境要求

在开发在线教育网站系统之前，本地计算机需满足以下条件。

操作系统：Windows 7 以上。

开发工具：Visual Studio Code。

开发框架：Vue.js 3.0。

开发环境：Node16.20.0 以上。

15.1.2 软件框架

在线教育网站系统是一个前端项目，其所使用的主要技术有 Vue.js、TypeScript、CSS、vue-router 和 Element Plus 等，具体介绍如下。

1. Vue.js

Vue.js 是一种构建用户界面的渐进式框架。与其他重量级框架不同的是，Vue 采用自底向上增量开发的设计。Vue 的核心库只关注视图层，因此非常容易学习，也很容易与其他库或已有项目整合。另外，Vue 完全有能力驱动单文件组件和 Vue 生态系统支持的库开发的复杂单页应用。

2. TypeScript

TypeScript 是微软公司在 JavaScript 基础上开发的一种脚本语言，可以把它理解为是 JavaScript 的超集。

3. CSS

CSS(Cascading Style Sheets，层叠样式表)是一种用来表现 HTML(Hyper Text Markup Language，超文本标记语言)或 XML(Extensible Markup Language，可扩展标记语言)等文件样式的计算机语言。CSS 不仅可以静态地修饰网页，还可以配合各种脚本语言动态地对网页中的各元素进行格式化。CSS 能够对网页中的元素位置进行像素级精确控制，它支持几乎所有的字体字号样式，拥有对网页对象和模型样式编辑的能力。

4. vue-router

vue-router 是 Vue.js 中的路由组件，它和 Vue.js 深度集成，用来构建单页面应用。

5. Element Plus

Element Plus 是一个基于 Vue3、面向开发者和设计师的组件库，使用它可以快速地搭建一些简单的前端页面。

15.2 系 统 分 析

在线教育网站系统是一个由 Vue 和 TypeScript 组合开发的系统，其主要功能是实现用户的登录注册、课程展示、课程详情展示和合作院校展示等。下面将通过系统功能设计和系统功能结构图，分析此系统的功能设计。

15.2.1 系统功能设计

随着互联网的快速发展，目前在线教育已经逐渐成为教育培训行业的一个重要分支，越来越多的教育培训机构开始转向在线教育领域，以满足用户的多元化需求。因此，搭建一套高效、稳定的在线教育网站系统对于教育培训机构来说必不可少。

在线教育网站系统的前端页面主要有 6 个，各页面实现的具体功能如下。

(1) 登录、注册页：实现用户的登录、注册功能。

(2) 首页：展示热门直播、课程推荐、热门活动等。

(3) 课程列表页：根据课程分类展示课程。

(4) 合作院校页：展示合作院校的合作信息。

(5) 高职课堂页：展示高职课堂中的课程信息。

(6) 课程详情页：展示课程信息详情。

15.2.2　系统功能结构图

系统功能结构图就是根据系统不同功能之间的关系绘制的图表，在线教育网站系统的功能结构如图 15-1 所示。

图 15-1　在线教育网站系统功能结构

15.3　系统主要功能实现

本节将对系统中的各个页面的实现方法进行分析和探讨，包括首页页面的实现、课程列表页面的实现、合作院校页面的实现、高职课堂页面的实现、课程详情页面的实现和登录注册页面的实现。下面将详细介绍如何使用 Vue 完成在线教育网站系统的开发。

15.3.1　首页页面的实现

首页页面的主要功能是展示热门直播、课程推荐和热门活动等数据。其主要功能由五部分组成，分别为头部组件、轮播图组件、页面主体、图片组件和底部组件。具体实现代码如下。

(1) Header.vue：头部组件。

```
<!-- 头部组件 -->
<template>
  <div class="header">
    <div class="header-main">
      <div class="header-left">
        <!-- 图标 -->
        <img class="logo" src="src/assets/home/home6.png" alt="">
```

```
          <!-- 页面跳转 -->
          <div class="header-router">
              <router-link to="/home">首页</router-link>
              <router-link to="/courses">课程列表</router-link>
              <router-link to="/cooperative">合作院校</router-link>
              <router-link to="/education">高职课程</router-link>
          </div>
      </div>
      <div class="header-menu">
          <!-- 搜索框 -->
          <div class="hearder-search">
              <input type="text" placeholder="Vue 实战">
              <el-icon class="search">
                  <Search />
              </el-icon>
          </div>
          <!-- 登录、注册按钮 -->
          <div class="login" @click="loginAndReg(1)">登录</div>
          <div class="register" @click="loginAndReg(2)">
              注册
          </div>
      </div>
  </div>
  <!-- 登录、注册弹框 -->
  <LoginAndReg :dialogFormVisible='dialogFormVisible' :login='login'
      :register='register' :back='back'
     @changeDialogFormVisible='changeDialogFormVisible' @changeLogin=
      'changeLogin' @changeRegister="changeRegister"
     @changeBack="changeBack"></LoginAndReg>
  </div>
</template>
<script setup lang="ts">
import { ref } from 'vue';
// 登录、注册组件
import LoginAndReg from '../components/LoginAndReg.vue'
import { ShowStoreHook } from "../store/loginAndReg";
const dialogFormVisible = ref<boolean>(ShowStoreHook().dialogFormVisible)
const login = ref<boolean>(ShowStoreHook().login)
const register = ref<boolean>(ShowStoreHook().register)
const back = ref<boolean>(ShowStoreHook().back)
// 登录、注册方法
const loginAndReg = (index: number) => {
    ShowStoreHook().changeDialogFormVisible(true)
    // 判断是登录方法还是注册方法
    if (index === 1) {
        ShowStoreHook().login = true
        ShowStoreHook().register = false
    } else {
        ShowStoreHook().login = false
        ShowStoreHook().register = true
    }
    dialogFormVisible.value = ShowStoreHook().dialogFormVisible
    login.value = ShowStoreHook().login
    register.value = ShowStoreHook().register
}
const changeDialogFormVisible = (data: boolean) => {
    ShowStoreHook().changeDialogFormVisible(data)
    dialogFormVisible.value = data;
}
```

```
const changeLogin = (data: boolean) => {
    ShowStoreHook().changeLogin(data)
    login.value = data
}
const changeRegister = (data: boolean) => {
    ShowStoreHook().changeRegister(data)
    register.value = data
}
const changeBack = (data: boolean) => {
    ShowStoreHook().changeBack(data)
    back.value = data
}
</script>
```

说明：通过路由实现页面之间的跳转，通过<router-link to="/">标签来设置跳转的页面。
首页头部的效果如图 15-2 所示。

图 15-2　首页头部的效果

（2）Banner.vue：轮播图组件。

```
<!-- 首页轮播图 -->
<template>
    <el-carousel trigger="click" height="550px">
        <el-carousel-item v-for="(item, index) in imgUrl" :key="index">
            <img :src="item.img" alt="">
        </el-carousel-item>
    </el-carousel>
</template>
<script setup lang="ts">
// 轮播图数据
const imgUrl = [
    {
        id: 1,
        img: 'src/assets/home/home1.png'
    },
    {
        id: 2,
        img: 'src/assets/home/home2.png'
    },
    {
        id: 3,
        img: 'src/assets/home/home3.png'
    }
]
</script>
```

提示

此轮播图样式为 Element Plus 的 Carousel 走马灯样式。

首页轮播图的效果如图 15-3 所示。

图 15-3 首页轮播图的效果

(3) home.vue：页面主体。

```html
<!-- 首页主体 -->
<template>
    <div class="home">
        <Banner></Banner>
        <!-- 热门直播 -->
        <div class="courList">
            <div class="title">热门直播</div>
            <router-link to="/details">
                <CardVue :courList="liveList" :type="1"></CardVue>
            </router-link>
            <div class="bottom-underline">
                <span>查看更多</span>
            </div>
        </div>
        <!-- 课程推荐 -->
        <div class="courList">
            <div class="title">课程推荐</div>
            <div class="swiper">
                <div class="content">
                    <span v-for="(item, index) in swiperList" :key="index"
                        :class="swiperIndex == index ? 'checked' : ''"
                        @click="swiperIndex = index">{{ item }}</span>
                </div>
            </div>
            <router-link to="/details">
                <CardVue :courList="course" :type="2"></CardVue>
            </router-link>
            <div class="bottom-underline">
                <span>查看更多</span>
            </div>
        </div>
        <!-- 热门活动 -->
        <div class="courList">
            <div class="title">热门活动</div>
            <router-link to="/details">
                <CardVue :courList="courItList" :type="3"></CardVue>
            </router-link>
            <div class="bottom-underline">
                <span>查看更多</span>
            </div>
        </div>
    </div>
```

```
        <!-- 为什么选择在线教育 -->
        <div class="change">
            <div class="bg"></div>
            <div class="about">
                <div class="about-header">
                    <div class="about-title">为什么选择在线教育</div>
                    <div class="about-des">在线教育是目前社会上较为流行的一种教育方式。</div>
                </div>
                <div class="about-con">
                    <div class="about-card" v-for="(item, index) in cardList"
                        :key="index">
                        <div class="card-title">
                            <img :src="item.headerImg" alt="" style="width: 50px;
                                height: 50px;">
                            <span> {{ item.headerTitle }} </span>
                        </div>
                        <div class="card-con">
                            <ul>
                                <li v-for="(k, i) in item.about" :key="i">{{ k }}</li>
                            </ul>
                        </div>
                    </div>
                </div>
            </div>
        </div>
    </div>
</template>
<script setup lang="ts">
import { ref, onMounted } from 'vue';
import BScroll from '@better-scroll/core'
import Banner from '../components/Banner.vue'
// 图片样式组件
import CardVue from '../components/Card.vue'
const scroll = ref<BScroll>()
// 课程推荐类别
const swiperList = ['Vue', 'JavaScript', 'TypeScript', '其他']
// 为什么选择在线教育数据
const cardList = [
    {
        headerImg: 'src/assets/home/home7.jpg',
        headerTitle: '不受时间空间的限制',
        about: ['费用低廉', '丰富的交互性和协作性', '随时随地学习']
    },
    ...
]
const swiperIndex = ref<number>(0)
// 热门活动数据
const courItList = [
    {
        name: 'JAVA 训练营',
        tips: '热门活动',
        imgurl: 'src/assets/home/home8.png'
    },
    ...
]
// 热门直播数据
const liveList = [
    {
        name: 'JAVA 课程 第二季',
        imgurl: 'src/assets/home/home4.jpg'
    },
```

```
    ...
]
// 视频推荐数据
const course = [
    {
        imgUrl: 'src/assets/home/home5.jpg',
        name: 'JAVA 入门到精通',
        tips: '让我们一起来学习 JAVA',
        schoolImg: 'src/assets/home/home7.jpg',
        count: '30000',
        schoolName: '在线教育'
    },
    ...
]

onMounted(() => {
    scroll.value = new BScroll('.swiper', {
        startX: 0,                      // better-scroll 配置信息
        click: true,
        scrollX: true,
        scrollY: false,                 // 忽略竖直方向的滚动
        eventPassthrough: "vertical",
        useTransition: false            // 防止快速滑动触发的异常回弹
    })
})
</script>
```

提示

通过 type 的值来判断图片的样式。

首页主体上半部分的效果如图 15-4 所示。

图 15-4　首页主体上半部分的效果

(4) Card.vue：图片组件。

```html
<!-- 首页图片组件 -->
<template>
    <div class="live-con" v-show="type == 1">
        <div class="list" v-for="(item, index) in courList" :key="index">
            <div class="live-img">
                <img :src="item.imgurl" alt="" style="width: 100%;">
                <div class="live-tips">观看回放</div>
            </div>
            <div class="live-title">{{ item.name }}</div>
        </div>
    </div>
    <div class="hot-con" v-show="type == 2">
        <div class="list" v-for="(item, index) in courList" :key="index">
            <div class="hot-img">
                <img :src="item.imgUrl" alt="">
            </div>
            <div class="hot-main">
                <div class="hot-title">{{ item.name }}</div>
                <div class="hot-tips">{{ item.tips }}</div>
                <div class="hot-bottom">
                    <div class="left">
                        <img :src="item.schoolImg" alt="">
                        <span>{{ item.schoolName }}</span>
                    </div>
                    <div class="right">
                        <el-icon :size="15">
                            <User />
                        </el-icon>
                        {{ item.count>10000?Math.floor(item.count / 10000)+'万+'
                            :item.count}}</div>
                    </div>
                </div>
            </div>
        </div>
    </div>
    <div class="cour-con" v-show="type == 3">
        <div class="list" v-for="(item, index) in courList" :key="index">
            <div class="list-img">
                <img :src="item.imgurl" alt="">
                <div class="list-tips">{{ item.tips }}</div>
            </div>
            <div class="list-title">{{ item.name }}</div>
        </div>
    </div>
</template>
<script setup lang="ts">
import { toRefs } from 'vue';
// 接收父组件传递的参数
interface Props {
    courList: Array<any>,
    type: number,
}
const props = defineProps<Props>();
const { courList, type } = toRefs(props);
</script>
```

通过接收父组件传递的 type 值来判断图片的样式。

首页主体下半部分的效果如图 15-5 所示。

热门活动

图 15-5　首页主体下半部分的效果

(5) Footer.vue：底部组件。

```
<!-- 底部组件 -->
<template>
   <div class="footer">
      <div class="footer-main">
         <div class="main-left">
            <div class="main-center">
               <div class="zh-title">在线教育 丰富世界</div>
            </div>
            <div class="main-bottom">
               <span>公司名称：信息科技有限公司</span>
               <span>联系电话：112XXXXXXXX</span>
               <span>地址：北京市 XXXXXXXX</span>
            </div>
         </div>
      </div>
   </div>
</template>
<script setup lang="ts">
</script>
```

首页底部的效果如图 15-6 所示。

图 15-6　首页底部的效果

15.3.2　课程列表页面的实现

课程列表页面的主要功能是根据课程分类展示课程。

courses.vue：课程列表页面的具体实现代码如下。

```html
<!-- 课程列表 -->
<template>
  <div class="courses">
    <!-- 课程筛选 -->
    <div class="courses-left">
      <div class="courses-left-title">课程筛选</div>
      <div class="courses-left-menu">
        <template v-for="menu in menuList" :key="menu">
          <div class="courses-left-menu-banner">{{ menu.menuTitle }}</div>
          <div class="courses-left-menu-content">
            <span class="menu-item" v-for="item in menu.menuItem" :key="item">{{
              item
            }}</span>
          </div>
        </template>
      </div>
    </div>
    <!-- 相关课程 -->
    <div class="courses-right">
      <div class="courses-right-title">
        搜索到<span>{{ courseCount }}门</span>相关课程
      </div>
      <!-- 课程列表展示 -->
      <div class="courses-right-content" v-for="(item, index) in courseList"
        :key="index">
        <router-link to="/details">
          <div class="course">
            <img class="course-img" :src="item.picUrl" alt="" />
            <div class="course-content">
              <div class="course-content-title">{{ item.title }}</div>
              <div class="course-content-info">
                <span class="author" v-for="author in formatAuthors(item.authors)"
                  :key="author">{{ author }}</span>
                |
                <span class="university">{{ item.university }}</span>
                <span class="peopleCount">{{ item.peopleCount }}人</span>
              </div>
              <div class="course-content-describe">{{ item.describe }}</div>
            </div>
          </div>
        </router-link>
      </div>
      <!-- 分页 -->
      <div class="pagination">
        <el-pagination layout="prev, pager, next" :total="courseCount"
          :background="true" prev-text="上一页"
          next-text="下一页" />
      </div>
    </div>
  </div>
```

```
</template>
<script setup lang="ts">
import { formatAuthors } from "../utils";
const courseCount = 9999;
// 课程分类数据
const menuList = [
  { menuTitle: "上课状态", menuItem: ["全部", "即将开课", "开课中", "已结课"] },
  { menuTitle: "学科分类", menuItem: ["全部", "计算机", "经济学", "历史", "法学",
    "管理学", "哲学", "其他"] },
];
// 课程列表数据
const courseList = [
  {
    picUrl: 'src/assets/home/home9.png',
    title: "Vue 从入门到精通",
    authors: ["叶璃"],
    university: "在线教育",
    peopleCount: 99999,
    describe:
      "Vue.js 是一套构建用户界面的渐进式框架。与其他重量级框架不同的是，Vue 采用自底向上增量
开发的设计。Vue 的核心库只关注视图层，因此非常容易学习，也很容易与其他库或已有项目整合。",
  },
  ...
];
</script>
```

提示

此处的分页功能仅是展示，并未实现真正的分页功能。在正常的项目开发中常通过分页接口或分页插件来实现分页功能。

课程列表页面效果如图 15-7 所示。

图 15-7　课程列表页面效果

15.4.3　合作院校页面的实现

合作院校页面的主要功能是展示合作的院校。由于此页面布局只是一些简单的页面，

因此这里不再展示合作院校页面的具体实现代码。

合作院校页面效果如图 15-8 所示。

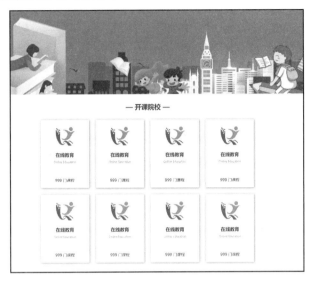

图 15-8 合作院校页面效果

15.3.4 高职课堂页面的实现

高职课堂页面的主要功能是展示热门课程、电子商务和财经商贸等类型的课程数据。由于此页面的代码实现和首页类似，因此这里不再展示高职课堂页面的具体实现代码。

高职课堂页面效果如图 15-9 所示。

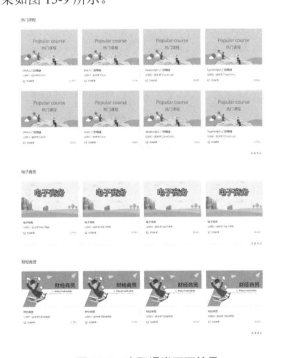

图 15-9 高职课堂页面效果

15.3.5 课程详情页面的实现

课程详情页面的主要功能是展示课程的详细信息。

details.vue：课程详情页面的具体实现代码如下：

```html
<!-- 课程详情 -->
<template>
    <!-- 图片 -->
    <div class="details">
        <div class="banner">
        </div>
    </div>
    <!-- 课程简介 -->
    <div class="intro">
        <el-row>
            <el-col :span="4" v-html="'\u00a0'" />
            <el-col :span="7">
                <div class="jan_1">
                    <p>课程简介</p>
                    <p style="font-size: 18px; padding-top: 30px;">
                        Vue.js 是一套构建用户界面的渐进式框架。与其他重量级框架不同的是，
                        Vue 采用自底向上增量开发的设计。Vue 的核心库只关注视图层，因此非常
                        容易学习，也很容易与其他库或已有项目整合。另外，Vue 完全有能力驱动
                        单文件组件和 Vue 生态系统支持的库开发的复杂单页应用。
                    </p>
                </div>
            </el-col>
            <el-col :span="1" v-html="'\u00a0'" />
            <el-col :span="8">
                <div class="jan_2">
                </div>
            </el-col>
        </el-row>
    </div>
    <!-- 课程时长信息 -->
    <div>
        <el-row>
            <el-col :span="4" v-html="'\u00a0'" />
            <el-col :span="16">
                <div class="jan">
                    <div class="jan_3">
                        <div class="jan_3_1">
                            <Calendar style="width: 4em; height: 4em;
                                padding-top: 20PX;" />
                        </div>
                        <div class="jan_3_2">
                            <p>开课时间</p>
```

```
                    <p>2023 年 9 月 1 号</p>
                </div>
            </div>
            <div class="jan_3">
                <div class="jan_3_1">
                    <Clock style="width: 4em; height: 4em; padding-top: 20PX;" />
                </div>
                <div class="jan_3_2">
                    <p>教学时长</p>
                    <p>60 小时</p>
                </div>
            </div>
            <div class="jan_3">
                <div class="jan_3_1">
                    <Coin style="width: 4em; height: 4em; padding-top: 20PX;" />
                </div>
                <div class="jan_3_2">
                    <p>投入时间</p>
                    <p>1200 分钟</p>
                </div>
            </div>
            </div>
        </el-col>
    </el-row>
</div>
<!-- 教师列表 -->
<h1 style="text-align: center; font-size: 40px;padding-top: 50px;">教师团队</h1>
<div class="teacher">
    <el-row>
        <el-col :span="5" v-html="'\u00a0'" />
        <el-col v-for="(o, index) in 3" :key="o" :span="4" :offset="index
            > 0 ? 1 : 0">
            <el-card shadow="always" :body-style="{ padding: '0px' }">
                <img src="src/assets/home/home16.png" class="image" />
                <div style="padding: 14px">
                    <span>十年经验，优质教师</span>
                    <div class="bottom">
                        <time class="time">2022 年 01 月 01 日入职</time>
                        <el-button type="info" class="button">教师详情</el-button>
                    </div>
                </div>
            </el-card>
        </el-col>
    </el-row>
</div>
</template>
```

说明：此页面的布局使用的是 Element Plus 的 Layout 布局。

课程详情页面效果如图 15-10 所示。

图 15-10　课程详情页面效果

15.3.6　登录、注册页面的实现

登录、注册页面的主要功能是实现用户的登录、注册和找回密码等。

LoginAndReg.vue：登录、注册页面的具体实现代码如下。

```
<!-- 登录、注册页 -->
<template>
    <div class="card" v-show="dialogFormVisible">
        <div class="bg" @click.stop="close">
            <!-- 登录 -->
            <div class="login" v-show="login" @click.stop="() => { }">
                <div class="close" @click.stop="close">
                    <el-icon :size="25">
                        <Close />
                    </el-icon>
                </div>
                <div class="titleList">
                    <div
                        :class="['underline', loginIndex == 1 ? 'underline_one' :
                            loginIndex == 2 ? 'underline_two' : 'underline_three']">
                    </div>
```

```
<!-- 登录方式 -->
<span @click.stop="changeLogin(1)" :class="loginIndex == 1 ?
    'active' : ''">手机登录</span>
<span @click.stop="changeLogin(2)" :class="loginIndex == 2 ?
    'active' : ''">短信登录</span>

<span @click.stop="changeLogin(3)" :class="loginIndex == 3 ?
    'active' : ''">邮箱登录</span>
</div>
<!-- 根据 loginIndex 的值判断登录页面 -->
<div class="from">
    <div class="usernameIpt" v-show="loginIndex == 1 ||
        loginIndex == 2">
        <div style="text-align: center;">
            <el-input v-model="usernameValue" placeholder="输入手
                机号" clearable style="width: 90%;height:50px">
                <template #prepend>
                    <el-select v-model="select" placeholder="+86"
                        style="width: 70px">
                        <el-option label="+999" value="1" />
                        <el-option label="+999" value="2" />
                        <el-option label="+999" value="3" />
                    </el-select>
                </template>
            </el-input>
        </div>
    </div>
    <div class="yzmIpt" style="text-align: center;" v-show=
        "loginIndex == 2">
        <el-input v-model="yzmValue" type="text" placeholder=
            "输入验证码" clearable
            style="width: 90%;height:50px" />
        <span class="text">获取验证码</span>
    </div>
    <div class="emailIpt" style="text-align: center;"
        v-show="loginIndex == 3">
        <el-input v-model="emailValue" type="text" placeholder=
            "输入邮箱" clearable
            style="width: 90%;height:50px" />
    </div>
    <div class="passwordIpt" style="text-align: center;"
        v-show="loginIndex == 1 || loginIndex == 3">
        <el-input v-model="passwordValue" type="password"
            placeholder="输入密码" show-password clearable
            style="width: 90%;height:50px" />
    </div>
</div>
<div class="btns">
    <span @click.stop="goBack">忘记密码</span>
    <span>|</span>
    <span @click.stop="goReg">去注册</span>
</div>
<div :class="['btn', usernameValue && passwordValue ? 'agree' :
    'disable']">
    <button disabled>登录</button>
</div>
<div class="tips">*若已有账号，直接登录即可</div>
<div class="agreement">登录即代表阅读并同意<span>《服务协议和隐私政策》
    </span></div>
```

```
        </div>
        <!-- 注册 -->
        <div class="reg" v-show="register" @click.stop="() => { }">
            <div class="close" @click.stop="close">
                <el-icon :size="25">
                    <Close />
                </el-icon>
            </div>
            <div class="titleList">
                <div :class="['underline', regIndex == 1 ? 'underline_four'
                    :'underline_five']">
                </div>
                <!-- 注册方式 -->
                <span @click.stop="changeReg(1)" :class="regIndex == 1 ?
                    'active' : ''">手机注册</span>
                <span @click.stop="changeReg(2)" :class="regIndex == 2 ?
                    'active' : ''">邮箱注册</span>
            </div>
            <div class="from">
                <!-- 根据 regIndex 的值判断注册页面 -->
                <div class="usernameIpt" v-show="regIndex == 1">
                    <div style="text-align: center;">
                        <el-input v-model="usernameValue" placeholder="输入手
                            机号" clearable style="width: 90%;height:50px">
                            <template #prepend>
                                <el-select v-model="select" placeholder="+86"
                                    style="width: 70px">
                                    <el-option label="+999" value="1" />
                                    <el-option label="+999" value="2" />
                                    <el-option label="+999" value="3" />
                                </el-select>
                            </template>
                        </el-input>
                    </div>
                </div>
                <div class="emailIpt" style="text-align: center;"
                    v-show="regIndex == 2">
                    <el-input v-model="emailValue" type="text" placeholder=
                        "输入邮箱" clearable
                        style="width: 90%;height:50px" />
                </div>
                <div class="passwordIpt" style="text-align: center;"
                    v-show="regIndex == 1 || regIndex == 2">
                    <el-input v-model="passwordValue" type="password" placeholder=
                        "8-16 位大写字母、小写字母、数字组合" show-password
                        clearable style="width: 90%;height:50px" />
                </div>
                <div class="yzmIpt" style="text-align: center;" v-show=
                    "regIndex == 1">
                    <el-input v-model="yzmValue" type="text" placeholder=
                        "输入验证码" clearable
                        style="width: 90%;height:50px" />
                    <span class="text">获取验证码</span>
                </div>
                <div class="emailYzmIpt" style="text-align: center;" v-show=
                    "regIndex == 2">
                    <el-input v-model="emailYzmValue" type="text" placeholder=
                        "输入邮箱验证码" clearable
                        style="width: 90%;height:50px" />
                    <span class="text">获取验证码</span>
```

```
            </div>
            <div class="btns">
                <span @click.stop="goLogin">去登录</span>
            </div>
            <div
                :class="['btn', usernameValue && passwordValue && yzmValue ||
                    emailValue && passwordValue && emailYzmValue ?
                    'agree' : 'disable']">
                <button disabled>继续</button>
            </div>
            <div class="tips">*若已有账号，直接登录即可</div>

        </div>
</div>
<!-- 找回密码 -->
<div class="back" v-show="back" @click.stop="() => { }">
    <div class="close" @click.stop="close">
        <el-icon :size="25">
            <Close />
        </el-icon>
    </div>
    <div class="titleList">
        <div :class="['underline', backIndex == 1 ? 'underline_four'
            :'underline_five']">
        </div>
        <!-- 找回密码方式 -->
        <span @click.stop="changeBack(1)" :class="backIndex == 1 ?
            'active' : ''">手机找回</span>
        <span @click.stop="changeBack(2)" :class="backIndex == 2 ?
            'active' : ''">邮箱找回</span>
    </div>
    <div class="from">
        <!-- 根据 backIndex 的值判断找回密码页面 -->
        <div class="usernameIpt" v-show="backIndex == 1">
            <div style="text-align: center;">
                <el-input v-model="usernameValue" placeholder="输入手
                    机号" clearable style="width: 90%;height:50px">
                    <template #prepend>
                        <el-select v-model="select" placeholder="+86"
                            style="width: 70px">
                            <el-option label="+999" value="1" />
                            <el-option label="+999" value="2" />
                            <el-option label="+999" value="3" />
                        </el-select>
                    </template>
                </el-input>
            </div>
        </div>
        <div class="emailIpt" style="text-align: center;" v-show=
            "backIndex == 2">
            <el-input v-model="emailValue" type="text" placeholder=
                "输入邮箱" clearable
                style="width: 90%;height:50px" />
        </div>
        <div class="passwordIpt" style="text-align: center;" v-show=
            "backIndex == 1 || backIndex == 2">
            <el-input v-model="passwordValue" type="password" placeholder=
                "8-16 位大写字母、小写字母、数字组合" show-password
                clearable style="width: 90%;height:50px" />
        </div>
```

```
                <div class="yzmIpt" style="text-align: center;" v-show=
                    "backIndex == 1">
                    <el-input v-model="yzmValue" type="text" placeholder=
                        "输入验证码" clearable
                        style="width: 90%;height:50px" />
                    <span class="text">获取验证码</span>
                </div>
                <div class="emailYzmIpt" style="text-align: center;" v-show=
                    "backIndex == 2">
                    <el-input v-model="emailYzmValue" type="text" placeholder=
                        "输入邮箱验证码" clearable
                        style="width: 90%;height:50px" />
                    <span class="text">获取验证码</span>
                </div>
                <div class="btns">
                    <span @click.stop="goLogin">去登录</span>
                </div>
                <div
                    :class="['btn', usernameValue && passwordValue &&
                        yzmValue || emailValue && passwordValue &&
                        emailYzmValue ? 'agree' : 'disable']">
                    <button disabled>确定</button>
                </div>
            </div>
        </div>
      </div>
    </div>
</template>
<script setup lang="ts">
import { ref } from 'vue'
import { toRefs } from 'vue'
// 声明
const loginIndex = ref<number>(1)
const regIndex = ref<number>(1)
const backIndex = ref<number>(1)
const usernameValue = ref('')
const passwordValue = ref('')
const yzmValue = ref('')
const emailValue = ref('')
const emailYzmValue = ref('')
const select = ref('')
interface Props {
    // 弹窗页控制
    dialogFormVisible: boolean,
    // 登录页控制
    login: boolean,
    // 注册页控制
    register: boolean,
    // 找回密码页控制
    back: boolean
}
const emit = defineEmits(['changeDialogFormVisible', 'changeLogin',
'changeRegister', 'changeBack']);
const props = defineProps<Props>()
const { dialogFormVisible, login, register, back } = toRefs(props)
const close = () => {
```

```
    emit('changeDialogFormVisible', false)
}
// 登录方法
const changeLogin = (num: number) => {
    loginIndex.value = num
}
// 注册方法
const changeReg = (num: number) => {
    regIndex.value = num
}
// 找回账号
const changeBack = (num: number) => {
    backIndex.value = num
}
// 去登录跳转
const goLogin = () => {
    emit('changeLogin', true)
    emit('changeRegister', false)
    emit('changeBack', false)
    usernameValue.value = ''
    passwordValue.value = ''
    yzmValue.value = ''
    emailValue.value = ''
    emailYzmValue.value = ''
}
// 去注册跳转
const goReg = () => {
    emit('changeLogin', false)
    emit('changeRegister', true)
    emit('changeBack', false)
    usernameValue.value = ''
    passwordValue.value = ''
    yzmValue.value = ''
    emailValue.value = ''
    emailYzmValue.value = ''
}
// 找回账号跳转
const goBack = () => {
    emit('changeLogin', false)
    emit('changeRegister', false)
    emit('changeBack', true)
    usernameValue.value = ''
    passwordValue.value = ''
    yzmValue.value = ''
    emailValue.value = ''
    emailYzmValue.value = ''
}
</script>
// 页面CSS样式
<style  scoped lang="scss">
  ...
</style>
```

说明：changeLogin 为登录方法、changeReg 为注册方法、changeBack 为找回密码方法。

提示：由于此项目是一个纯前端项目，因此这里的登录、注册和找回密码等方法均未进行校验。

登录、注册页面效果如图 15-11 所示。

图 15-11　登录、注册页面效果

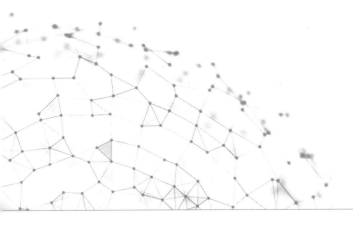

第16章

项目实战3——开发图书管理系统

本章将使用 Vue 的前端框架开发一个图书管理系统。此系统主要包含 6 个页面，分别为登录页、注册页、首页、用户管理页、书籍管理页和个人中心页。下面将通过项目环境及框架、系统分析和系统主要功能实现等几个方面来为读者讲解此项目的实现。

16.1　项目环境及框架

开发一个 Vue 项目，首先需要搭建 Vue 运行环境，而要想高效地进行项目开发，那么，一个便捷的开发工具是必不可少的，此图书管理系统使用的 Vue 版本为 Vue.js 3.0，开发工具为 Visual Studio Code。

16.1.1　系统开发环境要求

开发图书管理系统之前，本地计算机需满足以下条件。

操作系统：Windows 7 以上。

开发工具：Visual Studio Code。

开发框架：Vue.js 3.0。

开发环境：Node 16.20.0 以上。

16.1.2　软件框架

图书管理系统是一个前端项目，其所使用的主要技术有 Vue.js、JavaScript、CSS、vue-router、Element Plus 和 ECharts 等，具体介绍如下。

1. Vue.js

Vue.js 是一种构建用户界面的渐进式框架。与其他重量级框架不同的是，Vue 采用自底向上增量开发的设计。Vue 的核心库只关注视图层，因此非常容易学习，也很容易与其他库或已有项目整合。另外，Vue 完全有能力驱动单文件组件和 Vue 生态系统支持的库开发的复杂单页应用。

2. JavaScript

JavaScript 是一门轻量级的且可以即时编译的编程语言。虽然它作为开发 Web 页面的脚本语言而出名，但是其也被用到了很多非浏览器环境中。

3. CSS

CSS 是一种用来表现 HTML 或 XML 等文件样式的计算机语言。CSS 不仅可以静态地修饰网页，还可以配合各种脚本语言动态地对网页中的各元素进行格式化。CSS 能够对网页中元素的位置进行像素级精确控制，它支持几乎所有的字体字号样式，拥有对网页对象和模型样式编辑的能力。

4. vue-router

vue-router 是 Vue.js 下的路由组件，它和 Vue.js 深度集成，适用于构建单页面应用。

5. Element Plus

Element Plus 是一个基于 Vue3、面向开发者和设计师的组件库，使用它可以快速地搭建一些简单的前端页面。

6. ECharts

ECharts 是由百度团队开源的一套基于 JavaScript 的数据可视化图表库，其提供了折线图、柱状图、饼图、散点图、关系图、旭日图、漏斗图、仪表盘等。

16.2　系 统 分 析

图书管理系统是一个由 Vue 和 JavaScript 组合开发的系统，其主要功能是实现用户的登录注册、数据展示、用户信息管理和书籍信息管理。下面将通过系统功能设计和系统功能结构图，分析和展示此系统的功能设计。

16.2.1　系统功能设计

随着现代科技的高速发展，人们对知识的渴求也越发强烈，在这种社会背景下，书籍渐渐成为人们追求知识的重要方式之一，于是，图书管理系统应运而生。此系统是一个小型的图书管理系统，其主要实现的功能是书籍管理和用户管理。

图书管理系统的前端页面主要有 6 个，各页面的具体实现功能如下。

(1) 登录页：实现用户的登录功能。

(2) 注册页：实现用户的注册功能。

(3) 首页：展示系统数据。

(4) 用户管理页：实现用户信息的增、删、改、查功能。

(5) 个人中心页：展示用户的个人信息。

(6) 书籍管理页：实现书籍信息的增、删、改、查功能。

16.2.2　系统功能结构图

系统功能结构图就是根据系统不同功能之间的关系绘制的图表，图书管理系统的功能结构如图 16-1 所示。

图 16-1　图书管理系统的功能结构

16.3　系统主要功能实现

本节将对图书管理系统中各个页面的实现方法进行分析和探讨，包括登录页面的实现、注册页面的实现、首页页面的实现、个人中心页面的实现、书籍管理页面的实现和用户信息页面的实现。下面将带领读者学习如何使用 Vue 完成图书管理系统的开发。

16.3.1　登录页面的实现

登录页面是访问系统时的第一个页面，其主要功能是实现用户的登录。由于此项目是一个纯前端项目，因此这里直接将用户名和密码写成了固定数据，用户名为 admin，密码为 123456。

login.vue：登录页面的具体实现代码如下。

```
<!-- 登录页 -->
<template>
  <div class="login">
    <el-form ref="loginForm" label-width="70px" class="loginForm">
      <h1 style="text-align: center;">登录</h1>
      <el-form-item label="用户名" prop="email">
        <el-input placeholder="请输入用户名" v-model=
          "loginFormData.username"></el-input>
      </el-form-item>
      <el-form-item label="密码" prop="password">
        <el-input type="password" placeholder="请输入密码" v-model=
          "loginFormData.password"></el-input>
      </el-form-item>
      <el-form-item>
```

```
            <el-button type="primary" class="submit-btn" @click="loginBtn">
                登录</el-button>
          </el-form-item>
          <!-- 注册 -->
          <div class="tiparea">
            <!-- 跳转到注册页 -->
            <router-link to="/signIn">
                <p>没有账号？ <a>立即注册</a></p>
            </router-link>
          </div>
        </el-form>
    </div>
</template>
<script lang="ts" setup>
import { reactive } from "vue";
// 引入路由
import { useRouter } from "vue-router";
// element-plus 的消息提示框
import { ElMessage } from "element-plus";
const router = useRouter();
// 用户名和密码
const loginFormData = reactive({
    username: "admin",
    password: "123456",
})
// 登录方法
const loginBtn = () => {
    if (loginFormData.username == "admin" && loginFormData.password == "123456")
{
        ElMessage({
            type: "success",
            message: '登录成功',
        })
        // 登录成功跳转到首页
        router.push("/home");
    } else {
        // 登录失败提示
        ElMessage({
            type: "error",
            message: '登录失败,用户名或密码错误',
        })
    }
}
</script>
```

提示：在完整的项目中，登录功能通常会先验证当前用户是否存在，当用户存在时再验证密码是否正确。

登录页面实现效果如图 16-2 所示。

图 16-2 登录页面实现效果

16.3.2 注册页面的实现

注册页面的主要功能是实现用户的注册功能，此页面的功能和登录页面的功能类似，因此这里将不再展示此页面的具体实现代码。

注册页面实现效果如图 16-3 所示。

图 16-3 注册页面实现效果

16.3.3 首页页面的实现

首页页面的主要功能是通过折线图、柱状图和饼图来展示系统的数据。

page.vue：首页页面的具体实现代码如下。

```
<!-- 首页 -->
<template>
    <h2>图书大数据分析展示</h2>
    <div>
        <el-row :gutter="10">
            <el-col :span="4">
```

```html
        <el-card shadow="always">
            <i class="el-icon-s-data" style="font-size: 50px;color: red;" />
            <span class="span">借书总量<a style="font-size: 30px;
                color: red;">12</a><a
                    style="font-size: 10px;">(万本)</a></span>
        </el-card>
    </el-col>
    <el-col :span="4">
        <el-card shadow="always">
            <i class="el-icon-s-data" style="font-size: 50px;
                color: rgb (201, 27, 122);" />
            <span class="span">当月销量<a style="font-size: 30px;
                color: rgb (201, 27, 122);">12</a><a
                    style="font-size: 10px;">(万本)</a></span>
        </el-card>
    </el-col>
    <el-col :span="4">
        <el-card shadow="always">
            <i class="el-icon-s-data" style="font-size: 50px;color: blue;" />
            <span class="span">借书人数<a style="font-size: 30px;
                color: blue;">12</a><a
                    style="font-size: 10px;">(人)</a></span>
        </el-card>
    </el-col>
    <el-col :span="4">
        <el-card shadow="always">
            <i class="el-icon-s-data" style="font-size: 50px;color: green;" />
            <span class="span">还书人数<a style="font-size: 30px;
                color: green;">12</a><a
                    style="font-size: 10px;">(人)</a></span>
        </el-card>
    </el-col>
    <el-col :span="4">
        <el-card shadow="always">
            <i class="el-icon-s-data" style="font-size: 50px;color: cyan;" />
            <span class="span">学生占比<a style="font-size: 30px;
                color: cyan;">12%</a></span>
        </el-card>
    </el-col>
    <el-col :span="4">
        <el-card shadow="always">
            <i class="el-icon-s-data" style="font-size: 50px;
                color: purple;" />
            <span class="span">老师占比<a style="font-size: 30px;
                color: purple;">12%</a></span>
        </el-card>
    </el-col>
    </el-row>
</div>
<!-- 统计图 -->
<div>
    <el-row>
        <el-col :span="24">
            <el-card shadow="always">
                <vue-echarts :option="lineChart" style="height: 400px;" />
            </el-card>
        </el-col>
    </el-row>
    <el-row :gutter="10">
        <el-col :span="8">
```

```
            <el-card shadow="always">
                <vue-echarts :option="pieChart" style="height: 350px;" />
            </el-card>
        </el-col>
        <el-col :span="8">
            <el-card shadow="always">
                <vue-echarts :option="barChart" style="height: 350px;" />
            </el-card>
        </el-col>
        <el-col :span="8">
            <el-card shadow="always">
                <vue-echarts :option="pieChart1" style="height: 350px;" />
            </el-card>
        </el-col>
    </el-row>
  </div>
</template>
<script setup>
import { reactive } from 'vue'
// 引入 ECharts
import { VueEcharts } from 'vue3-echarts'
// 折线图
const lineChart = reactive({
    title: {
        text: '各年级每月借书数量'
    },
    tooltip: {
        trigger: 'axis'
    },
    legend: {
        data: ['大一', '大二', '大三', '大四']
    },
    grid: {
        left: '3%',
        right: '4%',
        bottom: '3%',
        containLabel: true
    },
    toolbox: {
        feature: {
            saveAsImage: {}
        }
    },
    xAxis: {
        type: 'category',
        boundaryGap: false,
        data: ["一月", "二月", "三月", "四月", "五月", "六月", "七月", "八月", "九月",
            "十月", "十一月", "十二月"]
    },
    yAxis: {
        type: 'value'
    },
    series: [
        {
            name: '大一',
            type: 'line',
            stack: 'Total',
            data: [150, 230, 224, 218, 135, 147, 260, 206, 283, 284, 469, 637]
        },
        {
```

```
                name: '大二',
                type: 'line',
                stack: 'Total',
                data: [220, 182, 191, 234, 290, 330, 310, 230, 224, 218, 135, 147, 260]
            },
            {
                name: '大三',
                type: 'line',
                stack: 'Total',
                data: [150, 232, 201, 154, 190, 330, 410, 182, 191, 234, 290, 330, 310]
            },
            {
                name: '大四',
                type: 'line',
                stack: 'Total',
                data: [320, 332, 301, 334, 390, 330, 320, 232, 201, 154, 190, 330, 410]
            }
        ]
})
// 各年级学生借书人数
const pieChart = reactive({
    title: {
        text: '各年级学生借书人数',
        subtext: '单位(人)',
        left: 'center'
    },
    tooltip: {
        trigger: 'item'
    },
    legend: {
        orient: 'vertical',
        left: 'left'
    },
    series: [
        {
            name: 'Access From',
            type: 'pie',
            radius: '50%',
            data: [
                { value: 1048, name: '大一' },
                { value: 735, name: '大二' },
                { value: 580, name: '大三' },
                { value: 484, name: '大四' },
            ],
            emphasis: {
                itemStyle: {
                    shadowBlur: 10,
                    shadowOffsetX: 0,
                    shadowColor: 'rgba(0, 0, 0, 0.5)'
                }
            }
        }
    ]
})
// 本学年各年级学生借书人次占比
const barChart = reactive({
    title: {
        text: '本学年各年级学生借书人次占比',
        subtext: '单位(%)',
        left: 'center'
```

```
    },
    xAxis: {
        type: 'category',
        data: ['大一', '大二', '大三', '大四']
    },
    yAxis: {
        type: 'value'
    },
    series: [
        {
            data: [30, 20, 10, 40],
            type: 'bar',
            showBackground: true,
            backgroundStyle: {
                color: 'rgba(180, 180, 180, 0.2)'
            }
        }
    ]
})
// 每天借书时间段
const pieChart1 = reactive({
    title: {
        text: '每天借书时间段',
        left: 'center'
    },
    tooltip: {
        trigger: 'item'
    },
    legend: {
        top: '5%',
        left: 'center'
    },
    series: [
        {
            name: 'Access From',
            type: 'pie',
            radius: ['40%', '70%'],
            avoidLabelOverlap: false,
            itemStyle: {
                borderRadius: 10,
                borderColor: '#fff',
                borderWidth: 2
            },
            label: {
                show: false,
                position: 'center'
            },
            emphasis: {
                label: {
                    show: true,
                    fontSize: 40,
                    fontWeight: 'bold'
                }
            },
            labelLine: {
                show: false
            },
            data: [
                { value: 1048, name: '早上' },
                { value: 735, name: '中午' },
```

```
                    { value: 580, name: '下午' },
                    { value: 484, name: '晚上' },
                ]
            }
        ]
    })
</script>
```

说明：统计图使用的是 ECharts，此项目是一个纯前端项目，因此统计图中的数据均为固定数据。

首页页面实现效果如图 16-4 所示。

图 16-4　首页页面实现效果

16.3.4　个人中心页面的实现

个人中心页面的主要功能是展示用户信息、修改用户信息和用户书籍管理。

individual.vue：个人中心页面的具体实现代码如下：

```
<!-- 个人中心页 -->
<template>
    <h2>个人中心</h2>
    <!-- 用户信息 -->
    <div>
        <div class="message">
            <el-card shadow="always">
                <el-avatar :size="70">
                    <img src="src/assets/tx.jpg" />
                </el-avatar>
                <el-button style="float: right;" type="primary">修改</el-button>
                <div>
                    <el-row>
                        <el-col :span="12">
                            <div class="d_1">
                                <p>用户名: {{ message.username }}</p>
                                <p>年级: {{ message.grade }}</p>
                                <p>性别: {{ message.sex }}</p>
                            </div>
                        </el-col>
                        <el-col :span="12">
                            <div class="d_2">
```

```
                    <p>地址: {{ message.address }}</p>
                    <p>电话: {{ message.telephone }}</p>
                    <p>邮箱: {{ message.mailbox }}</p>
                </div>
            </el-col>
        </el-row>
    </div>
</el-card>
    </div>
</div>
<!-- 我的书籍 -->
<div>
    <el-card shadow="always">
        <h3>我的书籍</h3>
        <el-row :gutter="10">
            <el-col :span="4" v-for="(item, index) in books" :key="index">
                <el-card shadow="always">
                    <img :src="item.img" style="width: 100%;height: 100%;" />
                    <div class="status">
                        <span v-if="item.status == '借阅中'" style="color:
                            rgb (255, 0, 0);">{{ item.status }}</span>
                        <span v-if="item.status == '已归还'" style="color:
                            rgb (60,140,231);">{{ item.status }}</span>
                    </div>
                    <p>书名: {{ item.title }}</p>
                    <div>归还时间: </div>
                    <div>{{ item.data }}</div>
                    <div style="float: right; padding: 10px 0px;">
                        <el-button size="mini" type="primary">查看</el-button>
                        <el-button size="mini" type="success">归还</el-button>
                    </div>
                </el-card>
            </el-col>
        </el-row>
    </el-card>
</div>
</template>
<script setup>
import { reactive } from "vue";
// 用户信息
const message = reactive({
    username: 'admin',
    password: '123456',
    grade: '大一',
    sex: '男',
    address: '111',
    telephone: '112554255411',
    mailbox: '1222@qq.com'
})
// 我的书籍信息
const books =
    [
        {
            img: 'src/assets/books.png',
            status: '借阅中',
            title: 'vue 从入门到精通',
            data: '2023-12-30 12:00:00'
        },
        ...
```

```
    ]
</script>
```

说明：此页面中的页面布局方式使用的是 Element Plus 的 Layout 布局。

个人中心页面实现效果如图 16-5 所示。

图 16-5　个人中心页面实现效果

16.3.5　书籍管理页面的实现

书籍管理页面的主要功能是展示书籍信息、新增书籍信息、查询书籍信息、查看书籍详情、借阅书籍和归还书籍。

book.vue：书籍管理页面的具体实现代码如下。

```html
<!-- 书籍管理 -->
<template>
    <h2>书籍列表</h2>
    <div style="padding-bottom: 20px;">
        <el-input placeholder="请输入书名" style="width: 15%;
            padding-right: 20px; " />
        <el-input placeholder="请输入类别" style="width: 15%;
            padding-right: 20px;" />
        <el-button type="primary">搜索</el-button>
    </div>
    <div style="padding-bottom: 20px;">
        <el-button type="primary" @click="new1">新增</el-button>
    </div>
    <!-- 书籍列表 -->
    <el-table :data="tableData" border style="width: 100%" :header-cell-style=
        "{ textAlign: 'center' }"
        :cell-style="{ textAlign: 'center' }">
        <el-table-column prop="bookName" label="书名" />
        <el-table-column prop="img" label="书籍封面" align="center" width="60">
            <template v-slot:default="scope">
                <el-image :src="scope.row.img" />
            </template>
```

```html
        </el-table-column>
        <el-table-column prop="type" label="书籍类型" />
        <el-table-column prop="author" label="书籍作者" />
        <el-table-column prop="publishing" label="书籍出版社" />
        <el-table-column prop="number" label="书籍剩余数量" />
        <el-table-column prop="status" label="书籍状态" />
        <el-table-column label="操作">
            <el-button size="mini" type="primary" @click="view">查看</el-button>
            <el-button size="mini" type="success" @click="borrow">借阅</el-button>
            <el-button size="mini" type="warning" @click="return1">归还</el-button>
        </el-table-column>
    </el-table>
    <!-- 分页 -->
    <div class="paging">
        <el-pagination layout="prev, pager, next" :total="1000" />
    </div>
    <!-- 书籍详情 -->
    <el-dialog v-model="bookDetails" title="书籍详情" width="50%">
        <div class="details">
            <img src="src/assets/books.png" class="img" />
            <p>书名：vue 从入门到精通</p>
            <p style="text-align: left; font-size: 20px;">
                简介：Vue.js 是一套构建用户界面的渐进式框架。与其他重量级框架不同的是，Vue
                采用自底向上增量开发的设计。Vue 的核心库只关注视图层，因此非常容易学习，也很
                容易与其他库或已有项目整合。另外，Vue 完全有能力驱动单文件组件和 Vue 生态系统
                支持的库开发的复杂单页应用。
            </p>
        </div>
        <template #footer>
            <span>
                <el-button @click="bookDetails = false">取消</el-button>
                <el-button type="primary" @click="bookDetails = false">
                    确定
                </el-button>
            </span>
        </template>
    </el-dialog>
    <!-- 新增修改框 -->
    <el-dialog v-model="editor" title="编辑框" width="40%">
        <el-form label-width="100px">
            <el-form-item label="书名">
                <el-input />
            </el-form-item>
            <el-form-item label="书籍封面">
                <el-input />
            </el-form-item>
            <el-form-item label="书籍类型">
                <el-input />
            </el-form-item>
            <el-form-item label="书籍作者">
                <el-input />
            </el-form-item>
            <el-form-item label="书籍出版社">
                <el-input />
            </el-form-item>
            <el-form-item label="书籍剩余数量">
                <el-input />
            </el-form-item>
```

```
            <el-form-item label="书籍状态">
                <el-input />
            </el-form-item>
        </el-form>
        <template #footer>
            <span>
                <el-button @click="editor = false">取消</el-button>
                <el-button type="primary" @click="editor = false">
                    确定
                </el-button>
            </span>
        </template>
    </el-dialog>
</template>
<script setup>
import { ref } from 'vue'
import { ElTable, ElMessage } from 'element-plus'
// 书籍新增修改框，默认关闭
const editor = ref(false)
// 打开编辑框
const new1 = () => {
    editor.value = true
}
// 书籍详情框，默认关闭
const bookDetails = ref(false)
// 查看方法
const view = () => {
    bookDetails.value = true
}
// 借阅方法
const borrow = () => {
    ElMessage({
        type: 'success',
        message: '借阅成功',
    })
}
// 归还方法
const return1 = () => {
    ElMessage({
        type: 'success',
        message: '归还成功',
    })
}
// 书籍列表数据
const tableData = [
    {
        bookName: 'vue 从入门到精通',
        img: 'src/assets/books.png',
        type: '前端',
        author: '叶璃',
        publishing: '书博士',
        number: '200',
        status: '可借阅',
    },
    ...
]
</script>
```

说明：此页面中的表格样式是 Element Plus 的 Table 表格样式，分页样式是 Element

Plus 的 Pagination 分页样式。

书籍管理页面实现效果如图 16-6 所示。

图 16-6　书籍管理页面实现效果

16.3.6　用户管理页面的实现

用户管理页面的主要功能是展示用户信息、修改用户信息、新增用户信息、查询用户信息和删除用户信息。此页面的功能和书籍管理页面的功能类似，因此这里将不再展示此页面的具体实现代码。

用户管理页面实现效果如图 16-7 所示。

图 16-7　用户管理页面实现效果

第17章

项目实战4——开发家庭装修网站系统

本章将使用 Vue 的前端框架开发一个家庭装修网站系统。此系统主要包含 5 个页面，分别为首页、关于我们页、新闻资讯页、经典案例页和合作与支持页。下面将通过项目环境及框架、系统分析和系统主要功能实现等几个方面来为读者讲解此项目的实现。

17.1　项目环境及框架

开发一个 Vue 项目，首先需要搭建好 Vue 的运行环境，而要想高效地进行项目开发，那么一个便捷的开发工具是必不可少的，家庭装修网站系统使用的 Vue 版本为 Vue.js 3.0，开发工具使用的是 Visual Studio Code。

17.1.1　系统开发环境要求

开发和运行家庭装修网站系统之前，本地计算机需满足以下条件.

操作系统：Windows 7 以上。

开发工具：Visual Studio Code。

开发框架：Vue.js 3.0。

开发环境：Node16.20.0 以上。

17.1.2　软件框架

家庭装修网站系统是一个前端项目，其所使用的主要技术有 Vue.js、JavaScript、CSS、vue-router 和 Element Plus 等，具体介绍如下。

1. Vue.js

Vue.js 是一种构建用户界面的渐进式框架。与其他重量级框架不同的是，Vue 采用自底向上增量开发的设计。Vue 的核心库只关注视图层，因此非常容易学习，也很容易与其他库或已有项目整合。另外，Vue 完全有能力驱动单文件组件和 Vue 生态系统支持的库开发的复杂单页应用。

2. JavaScript

JavaScript 是一门轻量级的且可以即时编译的编程语言。虽然它作为开发 Web 页面的脚本语言而出名，但是它也被用到了很多非浏览器环境中。

3. CSS

CSS 是一种用来表现 HTML 或 XML 等文件样式的计算机语言。CSS 不仅可以静态地修饰网页，还可以配合各种脚本语言动态地对网页中的各元素进行格式化。CSS 能够对网页中元素的位置进行像素级精确控制，它支持几乎所有的字体字号样式，拥有对网页对象和模型样式编辑的能力。

4. vue-router

vue-router 是 Vue.js 下的路由组件，它和 Vue.js 深度集成，适用于构建单页面应用。

5. Element Plus

Element Plus 是一个基于 Vue3、面向开发者和设计师的组件库，使用它可以快速地搭建一些简单的前端页面。

17.2　系统分析

此家庭装修网站系统是一个由 Vue 和 JavaScript 组合开发的系统，其主要功能是企业信息的展示、新闻资讯的展示和经典案例的展示。下面将通过系统功能设计和系统功能结构图，分析和展示此系统的功能设计。

17.2.1　系统功能设计

在当前这个信息时代下，计算机技术已经广泛地应用到了各个领域中，它改变了人们的学习方式、工作方式、生活方式，甚至思想方式，也引发了家庭装修领域的很大变化。家庭装修系统可以更加方便地了解客户的需求，减少不必要的沟通成本。

这是一个小型的家庭装修网站系统，其前端页面主要有五个，各页面的具体实现功能如下。

(1)　首页：展示企业的基础信息。

(2)　关于我们页：展示企业的详细信息。

(3)　新闻资讯页：展示热点新闻数据。

(4)　经典案例页：展示企业的经典案例数据。

(5)　合作与支持页：展示合作企业的信息。

17.2.2　系统功能结构图

系统功能结构图就是根据系统不同功能之间的关系绘制的图表，家庭装修网站系统的功能结构如图 17-1 所示。

图 17-1 家庭装修网站系统功能结构

17.3 系统主要功能实现

本节将对系统中各个页面的实现方法进行分析和探讨,包括首页页面的实现、关于我们页面的实现、新闻资讯页面的实现、经典案例页面的实现以及合作与支持页面的实现。下面将带领读者学习如何使用 Vue 完成家庭装修网站系统的开发。

17.3.1 首页页面的实现

首页页面是家庭装修网站系统的首页,其主要分为头部导航栏、页面主体和底部组件三部分。

(1) Head.vue(头部导航栏)的实现代码如下:

```
<!-- 头部组件 -->
<template>
    <div>
        <div>
            <img src="src/assets/head.jpg" style="width: 100%; height: 100%;" />
        </div>
        <div class="div_1">
            <el-row>
                <el-col :span="4" v-html="'\u00a0'" />
                <el-col :span="16">
                    <span class="span_1">诚信</span>
                    <span class="span_1">专业</span>
                    <span class="span_1">负责</span>
                    <span class="span_1">创新</span>
                    <span style="float: right;">
                        <Location style="width: 1.5em; height: 1.5em; position:
                            absolute; top: 8px; color: white;" />
                        <a style="margin-left: 30px;">123 省 215 市 454 县 42 区</a>
                    </span>
                </el-col>
            </el-row>
            <el-row>
                <el-col :span="4" v-html="'\u00a0'" />
```

```
                <el-col :span="16">
                    <div class="div_2">
                        <!-- 通过父组件传递的 info 的值判断字体样式 -->
                        <span v-if="info == '1'" style="color: #80b7aa;
                            font-weight: 900;" @click="home"><a>首页</a></span>
                        <span v-if="info != '1'" @click="home"><a>首页</a></span>
                        <span v-if="info == '2'" style="color: #80b7aa;
                            font-weight: 900;"
                            @click="aboutUs"><a>关于我们</a></span>
                        <span v-if="info != '2'" @click="aboutUs"><a>关于我们</a></span>
                        <span v-if="info == '3'" style="color: #80b7aa;
                            font-weight: 900;" @click="news"><a>新闻资讯</a></span>
                        <span v-if="info != '3'" @click="news"><a>新闻资讯</a></span>
                        <span v-if="info == '4'" style="color: #80b7aa;
                            font-weight: 900;" @click="case1"><a>经典案例</a></span>
                        <span v-if="info != '4'" @click="case1"><a>经典案例</a></span>
                        <span v-if="info == '5'" style="color: #80b7aa;
                            font-weight: 900;"
                            @click="cooperation"><a>合作与支持</a></span>
                        <span v-if="info != '5'" @click="cooperation"><a>合作与支持
                            </a></span>
                    </div>
                </el-col>
            </el-row>
        </div>
    </div>
</template>
<script setup>
// 引入路由
import { useRouter } from 'vue-router'
import { ref, defineProps } from 'vue'
// 获取组件传递的值，并根据传递的值设置字体样式
const props = defineProps({
    info: String
})
const info = ref("")
info.value = props.info
const userRouter = useRouter()
// 跳转到首页
const home = () => {
    userRouter.push({
        path: '/',
    })
}
// 跳转到关于我们页面
const aboutUs = () => {
    userRouter.push({
        path: '/aboutUs',
    })
}
// 跳转到新闻资讯页面
const news = () => {
    userRouter.push({
        path: '/news',
    })
}
// 跳转到经典案例页面
const case1 = () => {
    userRouter.push({
```

```
        path: '/case',
    })
}
// 跳转到合作与支持页面
const cooperation = () => {
    userRouter.push({
        path: '/cooperation',
    })
}
</script>
```

说明：通过 props 接收父组件传递的值，并通过父组件传递的值判断字体的样式。

提示：页面之间的跳转通过 vue-router 实现。

(2) Home.vue(页面主体)的具体实现代码如下：

```
<!-- 首页 -->
<template>
    <div>
        <!-- 头部组件 -->
        <Head :info="1" />
        <!-- 图片 -->
        <div class="div_1">
            <img src="src/assets/index1.png" style="width: 100%; height: 100%;" />
        </div>
        <!-- 简介 -->
        <el-row>
            <el-col :span="4" v-html="'\u00a0'" />
            <el-col :span="16">
                <el-card class="box-card">
                    <div style="text-align: left;">
                        <div class="about">
                            <div class="about_left">
                                <p><span>{{ intro.name }}</span>{{ intro.content1 }}</p>
                                <p>{{ intro.content2 }}</p>
                                <p>{{ intro.content3 }}</p>
                                <p>{{ intro.content4 }}</p>
                            </div>
                            <!-- 视频 -->
                            <div class="about_video">
                                <VideoPlayer width="100%" height="335" :src=
                                    intro.mp4></VideoPlayer>
                            </div>
                        </div>
                    </div>
                </el-card>
            </el-col>
        </el-row>
        <!-- 经典案例展示 -->
        <el-row>
            <el-col :span="4" v-html="'\u00a0'" />
            <el-col :span="16">
                <div class="div_2">
                    <div class="div_2_1">
                        <h1>经典案例</h1>
                    </div>
                    <el-row :gutter="40">
                        <el-col :span="8" v-for="item in case1">
                            <div class="case_position">
                                <img :src=item.img style="width: 100%; height: 100%;" />
```

```
                        <div class="caption">
                            <p class="name">{{ item.name }}</p>
                            <p class="time">{{ item.intro }}</p>
                        </div>
                    </div>
                </el-col>
            </el-row>
        </div>
    </el-col>
</el-row>
<!-- 新闻中心展示 -->
<el-row>
    <el-col :span="4" v-html="'\u00a0'" />
    <el-col :span="16">
        <div class="div_2">
            <div class="div_2_1">
                <h1>新闻中心</h1>
            </div>
            <el-row :gutter="40">
                <el-col :span="12" v-for="item in news">
                    <div class="news">
                        <el-row :gutter="10">
                            <el-col :span="6">
                                <div class="news_1">
                                    <img :src=item.img style="width: 100%;
                                        height: 100%;" />
                                </div>
                            </el-col>
                            <el-col :span="18">
                                <div class="media-body">
                                    <p class="time">{{ item.time }}</p>
                                    <p class="name">{{ item.content1 }}</p>
                                    <p class="text">{{ item.content2 }}</p>
                                </div>
                            </el-col>
                        </el-row>
                    </div>
                </el-col>
            </el-row>
        </div>
    </el-col>
</el-row>
<!-- 合作中心展示 -->
<el-row>
    <el-col :span="4" v-html="'\u00a0'" />
    <el-col :span="16">
        <div class="div_2">
            <div class="div_2_1">
                <h1>合作中心</h1>
            </div>
            <el-row :gutter="0">
                <el-col :span="4" v-for="item in cooperation">
                    <div class="cooperation">
                        <img :src=item.img style="width: 100%; height: 100%;" />
                    </div>
                </el-col>
            </el-row>
        </div>
    </el-col>
</el-row>
</div>
```

```
  <!-- 底部组件 -->
  <Bottom />
</template>
<script setup>
// 头部
import Head from './Head.vue'
// 底部
import Bottom from './Bottom.vue'
// 视频播放器
import '../../node_modules/vue3-video-play/dist/style.css'
import VideoPlayer from 'vue3-video-play'
import { reactive } from 'vue'
// 简介信息
const intro = reactive(
    {
        name: '家庭装修工程有限公司',
        content1: '...(此处省略了具体数据)',
        content2: '...',
        content3: '...',
        content4: '...',
        mp4: 'src/assets/1205766603.mp4'
    }
)
// 经典案例数据
const case1 = reactive(
    [
        {
            id: '1',
            img: 'src/assets/index_05.jpg',
            name: '公共 - 银色世纪展厅',
            intro: '2018.10.01 银色世纪展厅海洋产品区'
        },
        ...
    ]
)
// 新闻中心数据
const news = reactive(
    [
        {
            id: '1',
            img: 'src/assets/new2.jpg',
            time: '2019.09.01',
            content1: '关注最新动态，迎接市场挑战，关注最新动态，迎接市场挑战',
            content2: '关注最新动态，迎接市场挑战，关注最新动态，迎接市场挑战，关注最新动态，
                      迎接市场挑战。',
        },
        ...
    ]
)
// 合作中心数据
const cooperation = reactive(
    [
        {
            id: '1',
            img: 'src/assets/cooperation.png'
        },
        ...
    ]
)
</script>
```

说明：此页面中的视屏播放器使用的是 vue3-video-play。vue3-video-play 通过 npm i vue3-video-play 指令安装。

(3) Bottom.vue(底部组件)的具体实现代码如下：

```
<!-- 底部组件 -->
<template>
    <div class="footer">
        <el-row>
            <el-col :span="4" v-html="'\u00a0'" />
            <el-col :span="12">
                <div class="footer_left">
                    <div class="link">
                        <a>关于我们</a>
                        <span> | </span>
                        <a> 联系我们</a>
                        <span> | </span>
                        <a>加入我们 </a>
                        <span> | </span>
                        <a>网站地图 </a>
                    </div>
                    <div class="footer_copy">
                        <p>{{ connection.name }}</p>
                        <p>地址: {{ connection.address }}</p>
                        <p>电话: {{ connection.telephone }}</p>
                        <p>传真: {{ connection.fax }}</p>
                        <p>邮箱: {{ connection.mailbox }}</p>
                    </div>
                </div>
            </el-col>
            <el-col :span="4">
                <div class="footer_right">
                    <img src="src/assets/code.png" style="width: 70%; height: 70%;">
                </div>
            </el-col>
        </el-row>
    </div>
</template>
<script setup>
import { reactive } from 'vue'
// 合作客户
const connection = reactive(
    {
        name: '© 2019 家庭装修工程有限公司',
        address: '123 省 215 市 454 县 42 区',
        telephone: '0532-85588 8888',
        fax: '0532-87788 8888',
        mailbox: '1242124@qq.com',
    }
)
</script>
```

最终页面实现效果如图 17-2 所示。

图 17-2　首页页面实现效果

17.3.2　关于我们页面的实现

关于我们页面的主要功能是展示企业的详细信息、企业的发展史和企业宗旨等。
AboutUs.vue(关于我们)的具体实现代码如下：

```
<!-- 关于我们 -->
<template>
  <div>
    <!-- 头部组件 -->
    <Head :info="2" />
    <div class="div_1">
      <img src="src/assets/aboutUs.png" style="width: 100%; height: 100%;" />
    </div>
    <el-row>
      <el-col :span="4" v-html="'\u00a0'" />
      <el-col :span="16">
        <el-card class="box-card">
          <div style="text-align: left;">
            <div class="about">
              <!-- 视频 -->
              <div class="about_video">
                <VideoPlayer width="100%" height="335"
                :src=intro.mp4></VideoPlayer>
              </div>
              <div class="about_left">
                <p class="about_title">关于我们 <span>About us</span></p>
                <p class="about_content">
                  <span style="color: #41998c;">{{ intro.content1 }}
                  </span>{{ intro.content2 }}
                </p>
              </div>
            </div>
          </div>
        </el-card>
      </el-col>
    </el-row>
    <!-- 内容简介 -->
    <el-row>
      <el-col :span="4" v-html="'\u00a0'" />
      <el-col :span="16">
        <div class="about_content_1">
          <p>{{ message.content1 }}</p>
          <p>{{ message.content2 }}</p>
          <p>{{ message.content3 }}</p>
          <p style="font-size:24px;color:#41998c ; text-align: center;">
            {{ message.content4 }}</p>
        </div>
      </el-col>
    </el-row>
    <!-- 企业宗旨 -->
    <el-row>
      <el-col :span="4" v-html="'\u00a0'" />
      <el-col :span="16">
        <el-row :gutter="40">
          <el-col :span="8" v-for="item in aim">
            <div>
              <div class="aim_1">{{ item.content1 }}</div>
```

```
                        <div class="aim_2">{{ item.content2 }}</div>
                    </div>
                </el-col>
            </el-row>
        </el-col>
    </el-row>
    <!-- 底部组件 -->
    <Bottom />
  </div>
</template>
<script setup>
// 头部
import Head from './Head.vue'
// 底部
import Bottom from './Bottom.vue'
// 视频播放器
import '../../node_modules/vue3-video-play/dist/style.css'
import VideoPlayer from 'vue3-video-play'
import { reactive } from 'vue'
// 公司简介
const intro = reactive(
    {
        mp4: 'src/assets/1205766603.mp4',
        content1: '家庭装修工程有限公司',
        content2: '...(此处省略了具体内容)',
    }
)
// 具体信息
const message = reactive(
    {
        content1: '...(此处省略了具体内容)',
        content2: '...',
        content3: '...',
        content4: '...'
    }
)
// 企业宗旨
const aim = reactive(
    [
        {
            id: '1',
            content1: '企业宗旨 | CORPORATE PURPOSES',
            content2: '质量第一 客户至上'
        }'
        ...
    ]
)
</script>
```

说明：页面的布局方式使用的是 Element Plus 的 Layout 布局。

最终页面实现效果如图 17-3 所示。

图 17-3　关于我们页面实现效果

17.3.3　新闻资讯页面的实现

新闻资讯页面的主要功能是展示热点新闻数据。此页面和关于我们页面类似，因此这里将不再展示此页面的具体实现代码。

新闻资讯页面实现效果如图 17-4 所示。

图 17-4　新闻资讯页面实现效果

17.3.4　经典案例页面的实现

经典案例页面的主要功能是展示企业的经典案例数据。此页面和关于我们页面类似，因此这里将不再展示此页面的具体实现代码。

经典案例页面实现效果如图 17-5 所示。

图 17-5　经典案例页面实现效果

17.3.5　合作与支持页面的实现

合作与支持页面的主要功能是展示与企业合作的相关信息。此页面和关于我们页面类似，因此这里将不再展示此页面的具体实现代码。

合作与支持页面实现效果如图 17-6 所示。

图 17-6　合作与支持页面实现效果

第18章

项目实战5——开发企业办公自动化系统

本章将使用 Vue 的前端框架开发一个办公自动化系统。此系统主要包含七个页面，分别为登录页、概况页、员工信息页、招聘岗位页、应聘者信息页、考勤信息页和签到信息页。下面将通过项目环境及框架、系统分析和系统主要功能实现等几个方面为大家讲解此项目的实现。

18.1　项目环境及框架

开发一个 Vue 项目，首先需要搭建好 Vue 的运行环境，而要想高效地进行项目开发，那么一个便捷的开发工具是必不可少的，此办公自动化系统使用的 Vue 版本为 Vue.js 3.0，开发工具使用的是 Visual Studio Code。

18.1.1　系统开发环境要求

在开发和运行企业办公自动化系统之前，本地计算机需满足以下条件。

操作系统：Windows 7 以上。

开发工具：Visual Studio Code。

开发框架：Vue.js 3.0。

开发环境：Node16.20.0 以上。

18.1.2　软件框架

企业办公自动化系统是一个前端项目，其所使用的主要技术有 Vue.js、TypeScript、CSS、vue-router、Element Plus 和 ECharts 等，具体介绍如下。

1. Vue.js

Vue.js 是一种构建用户界面的渐进式框架。与其他重量级框架不同的是，Vue 采用自底向上增量开发的设计。Vue 的核心库只关注视图层，因此非常容易学习，也很容易与其他库或已有项目整合。另外，Vue 完全有能力驱动单文件组件和 Vue 生态系统支持的库开发的复杂单页应用。

2. TypeScript

TypeScript 是由微软公司在 JavaScript 基础上开发的一门脚本语言，可以将它理解为是 JavaScript 的超集。

3. CSS

CSS 是一种用来表现 HTML 或 XML 等文件样式的计算机语言。CSS 不仅可以静态地修饰网页，还可以配合各种脚本语言动态地对网页中的各元素进行格式化。CSS 能够对网页中的元素位置进行像素级精确控制，它支持几乎所有的字体字号样式，拥有对网页对象和模型样式编辑的能力。

4. vue-router

vue-router 是 Vue.js 下的路由组件，它和 Vue.js 深度集成，适用于构建单页面应用。

5. Element Plus

Element Plus 是一个基于 Vue3、面向开发者和设计师的组件库，使用它可以快速地搭建一些简单的前端页面。

6. ECharts

ECharts 是由百度团队开源的一套基于 JavaScript 的数据可视化图表库，其提供了折线图、柱状图、饼图、散点图、关系图、旭日图、漏斗图、仪表盘等。

18.2　系 统 分 析

企业办公自动化系统是一个由 Vue 和 TypeScript 组合开发的系统，其主要功能是实现用户的登录、员工管理、招聘管理和考勤管理。下面将通过系统功能设计和系统功能结构图，分析和展示此系统的功能设计。

18.2.1　系统功能设计

随着网络的快速发展，办公自动化系统逐渐成为提高工作效率、加强管理的有效手段。办公自动化系统可以迅捷、全方位地收集信息，并及时处理信息，同时为企业管理做出的决策提供有效依据。

此系统是一个小型的办公自动化系统，其前端页面主要有 7 个，各页面的具体实现功能如下。

(1) 登录页：实现用户的登录功能。

(2) 概况页：通过表格和统计图展示员工数据。

(3) 员工信息页：展示和编辑员工信息。

(4) 招聘岗位页：展示和编辑企业发布的招聘岗位信息。

(5) 应聘者信息页：展示和编辑应聘者的详细信息。

(6) 考勤信息页：展示员工的考勤信息。

(7) 签到信息页：展示员工的签到信息。

18.2.2　系统功能结构图

系统功能结构图就是根据系统不同功能之间的关系绘制的图表，办公自动化系统的功能结构如图 18-1 所示。

图 18-1　企业办公自动化系统功能结构

18.3　系统主要功能实现

本节将对系统中的各个页面的实现方法进行分析和探讨，包括登录页面的实现、概况页面的实现、员工信息页面的实现、招聘岗位页面的实现、招聘者信息页面的实现、考勤信息页面的实现和签到信息页面的实现。下面将带领读者学习如何使用 Vue 完成企业办公自动化系统的开发。

18.3.1　登录页面的实现

登录页面的功能是实现用户的登录操作，由于此项目是一个纯前端项目，因此这里并没进行用户名和密码校验，当用户名和密码不为空时即可登录成功。

login.vue(登录页)的具体实现代码如下：

```
<!-- 登录页 -->
<template>
 <div class="div_1">
  <div class="div_2">
    <h1 style="margin-bottom: 20px; text-align: center;">办公自动化系统</h1>
    <el-form ref="formName" :model="ruleForm" status-icon :rules="rules"
```

```html
          label-width="40px" class="demo-ruleForm">
        <el-form-item label="账号" prop="account">
          <el-input v-model="ruleForm.account" placeholder="请输入账号"
              autocomplete="off"></el-input>
        </el-form-item>
        <el-form-item label="密码" prop="pass">
          <el-input placeholder="请输入密码" type="passWord" v-model=
              "ruleForm.pass"></el-input>
        </el-form-item>
        <el-form-item>
          <el-button type="primary" @click="submitForm()">登录</el-button>
          <el-button @click="resetForm()">重置</el-button>
        </el-form-item>
      </el-form>
    </div>
  </div>
</template>
<script setup lang="ts">
import { reactive, ref } from 'vue';
// 引入路由
import { useRouter } from 'vue-router';
// 账号非空验证
const validatePass = (rule, value, callback) => {
  if (value === '') {
    return callback(new Error('请输入账号'));
  }
};
// 密码非空验证
const checkpass = (rule, value, callback) => {
  if (!value) {
    return callback(new Error('请输入密码'));
  }
};
// 账号/密码
const ruleForm = reactive({
  account: '',
  pass: '',
});
// 表单验证
const rules = reactive({
  account: [{ validator: validatePass, trigger: 'blur' }],
  pass: [{ validator: checkpass, trigger: 'blur' }],
});
const formName = ref(null);
const router = useRouter();
// 登录方法
const submitForm = () => {
  formName.value.validate();
  if (ruleForm.account && ruleForm.pass) {
    localStorage.setItem('pass', ruleForm.pass);
    router.push('/');
  }
};
// 重置方法
const resetForm = () => {
  formName.value.resetFields();
};
</script>
```

说明：通过 vue-router 实现页面的跳转。

最终页面实现效果如图 18-2 所示。

图 18-2　登录页面实现效果

18.3.2　概况页面的实现

概况页面主要通过表格、饼图和柱状图来展示用户的数据。表格展示最近生日人员、合同到期人员和试用到期人员名单，饼图展示在职员工的性别比例，柱状图展示在职员工的学历分布。

General.vue(概况页)的具体实现代码如下：

```
<!-- 概况 -->
<template>
  <div>
    <el-row :gutter="20">
      <!-- 最近生日 -->
      <el-col :span="8">
        <el-card class="box-card">
          <div class="div_1">
            <div class="div_2">
              <span>最近生日人员</span>
            </div>
            <div class="div_2_1">
              <div class="div_3" v-for="a in stst">
                <div class="div_3_1">
                  <img class="img1" :src="a.img" />
                </div>
                <div style="display: inline-block; width: 90%;">
                  <span style="float: left;">{{ a.name }}</span>
                  <span style="float: right;">{{ a.date }}</span>
                </div>
              </div>
            </div>
          </div>
        </el-card>
      </el-col>
      <!-- 合同到期 -->
      <el-col :span="8">
        <el-card class="box-card">
```

```
        <div class="div_1">
          <div class="div_2">
            <span>合同到期人员</span>
          </div>
          <div class="div_2_1">
            <div class="div_3" v-for="a in stst">
              <div class="div_3_1">
                <img class="img1" :src="a.img" />
              </div>
              <div style="display: inline-block; width: 90%;">
                <span style="float: left;">{{ a.name }}</span>
                <span style="float: right;">{{ a.date }}</span>
              </div>
            </div>
          </div>
        </div>
      </el-card>
    </el-col>
    <!-- 试用到期人员 -->
    <el-col :span="8">
      <el-card class="box-card">
        <div class="div_1">
          <div class="div_2">
            <span>试用到期人员</span>
          </div>
          <div class="div_2_1">
            <div class="div_3" v-for="a in stst">
              <div class="div_3_1">
                <img class="img1" :src="a.img" />
              </div>
              <div style="display: inline-block; width: 90%;">
                <span style="float: left;">{{ a.name }}</span>
                <span style="float: right;">{{ a.date }}</span>
              </div>
            </div>
          </div>
        </div>
      </el-card>
    </el-col>
    <el-col :span="10">
      <el-card shadow="always" style="margin-top: 20px;">
        <!-- 饼图 -->
        <div>
          <vue-echarts :option="pieChar" style="height: 350px;" />
        </div>
      </el-card>
    </el-col>
    <el-col :span="14">
      <el-card shadow="always" style="margin-top: 20px;">
        <!-- 柱状图 -->
        <div>
          <vue-echarts :option="columnChar" style="height: 350px;" />
        </div>
      </el-card>
    </el-col>
  </el-row>
</div>
</template>
<script lang="ts" setup>
import { reactive } from 'vue'
```

```
// 引入 ECharts
import { VueEcharts } from 'vue3-echarts'
type EChartsOption = /*unresolved*/ any
// 饼图数据
const pieChar: EChartsOption = reactive(
  {
    title: {
      text: '在职员工性别比例'
    },
    tooltip: {
      trigger: 'item'
    },
    legend: {
      top: '5%',
      left: 'center'
    },
    series: [
      {
        name: 'Access From',
        type: 'pie',
        radius: ['40%', '70%'],
        avoidLabelOverlap: false,
        itemStyle: {
          borderRadius: 10,
          borderColor: '#fff',
          borderWidth: 2
        },
        label: {
          show: false,
          position: 'center'
        },
        emphasis: {
          label: {
            show: true,
            fontSize: 40,
            fontWeight: 'bold'
          }
        },
        labelLine: {
          show: false
        },
        data: [
          { value: 580, name: '男性' },
          { value: 346, name: '女性' },
          { value: 300, name: '未知' }
        ]
      }
    ]
  }
)
// 柱状图数据
const columnChar: EChartsOption = reactive(
  {
    title: {
      text: '在职员工学历分布'
    },
    xAxis: {
      type: 'category',
      data: ['大专', '本科', '研究生', '博士', '未知']
    },
```

```
    yAxis: {
      type: 'value'
    },
    series: [
      {
        data: [120, 200, 150, 80, 70],
        type: 'bar'
      }
    ]
  }
)
// 表格数据
const stst = reactive(
  [
    {
      id: 1,
      img: 'src/assets/tx.jpg',
      name: '张三',
      date: '07-09',
    },
  ]
)
</script>
```

说明：饼图和柱状图使用的是 ECharts，此项目是一个纯前端项目，因此统计图中的数据均为固定数据。

最终页面实现效果如图 18-3 所示。

图 18-3　概况页面实现效果

18.3.3　员工信息页面的实现

员工信息页面的主要功能是展示和编辑员工信息。

Home.vue(员工信息页)的具体实现代码如下：

```
<!-- 员工信息 -->
<template>
  <div>
    <el-card shadow="always">
      <div style="margin-bottom: 20px;">
        <span style="font-weight: 900; font-size: 18px;">员工信息</span>
```

```
    </div>
    <!-- 搜索 -->
    <div style="padding-bottom: 20px;">
      <el-input placeholder="姓名" style="width: 15%; padding-right: 20px; " />
      <el-button type="primary">搜索</el-button>
    </div>
    <div style="padding-bottom: 20px;">
      <el-button type="success" @click="dialogVisible = true">新增</el-button>
      <el-button type="info">批量导入</el-button>
    </div>
    <!-- 表格 -->
    <el-table :data="tableData" border style="width: 100%"
      :header-cell-style="{ textAlign: 'center' }"
      :cell-style="{ textAlign: 'center' }">
      <el-table-column prop="id" label="序号" />
      <el-table-column prop="name" label="姓名" />
      <el-table-column prop="accountNumber" label="系统账号" />
      <el-table-column prop="jobNumber" label="工号" />
      <el-table-column prop="date" label="到本单位日期" />
      <el-table-column prop="section" label="所在部门" />
      <el-table-column prop="status" label="员工状态" />
      <el-table-column label="操作">
        <el-button type="primary" @click="dialogVisible = true">编辑</el-button>
      </el-table-column>
    </el-table>
    <div style="padding-top: 20px; margin-bottom: 20px; float: right;">
      <el-pagination small background layout="prev, pager, next" :total="50"
        class="mt-4" />
    </div>
  </el-card>
  <!-- 编辑框 -->
  <el-dialog v-model="dialogVisible" title="员工信息" width="40%">
    <el-form label-width="110px">
      <el-form-item label="姓名">
        <el-input />
      </el-form-item>
      <el-form-item label="系统账号">
        <el-input />
      </el-form-item>
      <el-form-item label="工号">
        <el-input />
      </el-form-item>
      <el-form-item label="到本单位日期">
        <el-input />
      </el-form-item>
      <el-form-item label="所在部门">
        <el-input />
      </el-form-item>
      <el-form-item label="员工状态">
        <el-input />
      </el-form-item>
    </el-form>
    <template #footer>
      <span>
        <el-button @click="dialogVisible = false">取消</el-button>
```

```
        <el-button type="primary" @click="dialogVisible = false">
          确定
        </el-button>
      </span>
    </template>
  </el-dialog>
  </div>
</template>
<script lang="ts" setup>
import { reactive, ref } from 'vue'
import { ElTable, ElMessage } from 'element-plus'
// 编辑框，默认关闭
const dialogVisible = ref(false)
// 数据
const tableData = reactive(
  [
    {
      id: 1,
      name: '张三',
      accountNumber: 'A3435642',
      jobNumber: '3453453',
      date: '2022-12-03 12:12:09',
      section: '技术部',
      status: '试用',
    }
  ]
)
</script>
```

说明：表格样式使用的是 Element Plus 的 Table 表格样式。

最终页面实现效果如图 18-4 所示。

图 18-4　员工信息页面实现效果

18.3.4　招聘岗位页面的实现

招聘岗位页面的主要功能是展示和编辑企业发布的招聘岗位信息。此页面和员工信息页类似，因此这里将不再展示此页面的具体实现代码。

招聘岗位页面实现效果如图 18-5 所示。

图 18-5　招聘岗位页面实现效果

18.3.5　招聘者信息页面的实现

招聘者信息页面的主要功能是展示和编辑应聘者的详细信息。此页面和员工信息页类似，因此这里将不再展示此页面的具体实现代码。

招聘者信息页面实现效果如图 18-6 所示。

图 18-6　招聘者信息页面实现效果

18.3.6　考勤信息页面的实现

考勤信息页面的主要功能是展示员工的考勤信息。此页面和员工信息页类似，因此这里将不再展示此页面的具体实现代码。

考勤信息页面实现效果如图 18-7 所示。

图 18-7　考勤信息页面实现效果

18.3.7 签到信息页面的实现

签到信息页面的主要功能是展示员工的签到信息。此页面和员工信息页类似，因此这里将不再展示此页面的具体实现代码。

签到信息页面实现效果如图 18-8 所示。

图 18-8 签到信息页面实现效果